Excel 2019 基本技

技術評論社

本書の使い方

- 画面の手順解説だけを読めば、操作できるようになる！
- もっと詳しく知りたい人は、補足説明を読んで納得！
- これだけは覚えておきたい機能を厳選して紹介！

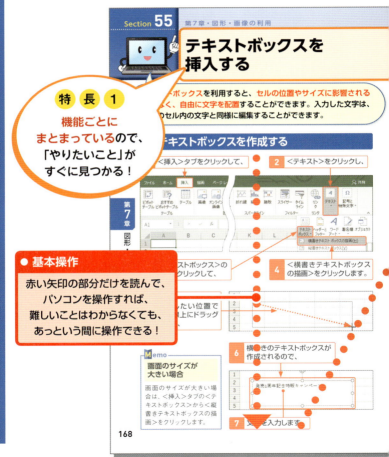

特長 1
機能ごとにまとまっているので、「やりたいこと」がすぐに見つかる！

● **基本操作**
赤い矢印の部分だけを読んで、パソコンを操作すれば、難しいことはわからなくても、あっという間に操作できる！

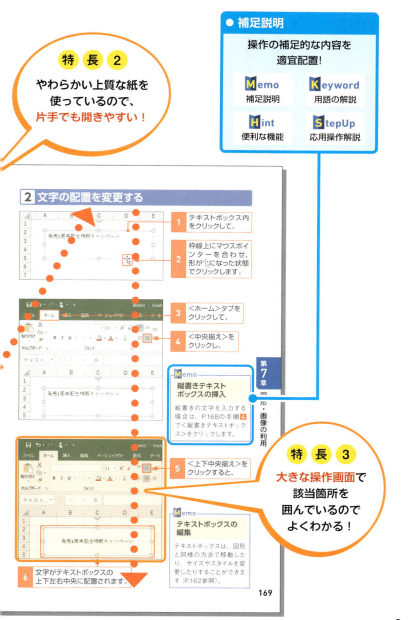

パソコンの基本操作

- 本書の解説は、基本的にマウスを使って操作することを前提としています。
- お使いのパソコンのタッチパッド、タッチ対応モニターを使って操作する場合は、各操作を次のように読み替えてください。

1 マウス操作

▼ クリック（左クリック）

クリック（左クリック）の操作は、画面上にある要素やメニューの項目を選択したり、ボタンを押したりする際に使います。

マウスの左ボタンを1回押します。

タッチパッドの左ボタン（機種によっては左下の領域）を1回押します。

▼ 右クリック

右クリックの操作は、操作対象に関する特別なメニューを表示する場合などに使います。

マウスの右ボタンを1回押します。

タッチパッドの右ボタン（機種によっては右下の領域）を1回押します。

▼ ダブルクリック

ダブルクリックの操作は、各種アプリを起動したり、ファイルやフォルダーなどを開く際に使います。

| マウスの左ボタンをすばやく2回押します。 | タッチパッドの左ボタン(機種によっては左下の領域)をすばやく2回押します。 |

▼ ドラッグ

ドラッグの操作は、画面上の操作対象を別の場所に移動したり、操作対象のサイズを変更する際などに使います。

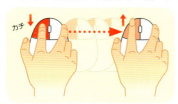
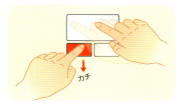

| マウスの左ボタンを押したまま、マウスを動かします。目的の操作が完了したら、左ボタンから指を離します。 | タッチパッドの左ボタン(機種によっては左下の領域)を押したまま、タッチパッドを指でなぞります。目的の操作が完了したら、左ボタンから指を離します。 |

Memo

ホイールの使い方

ほとんどのマウスには、左ボタンと右ボタンの間にホイールが付いています。ホイールを上下に回転させると、Webページなどの画面を上下にスクロールすることができます。そのほかにも、Ctrlを押しながらホイールを回転させると、画面を拡大／縮小したり、フォルダーのアイコンの大きさを変えたりできます。

2 利用する主なキー

▼ 半角/全角キー
日本語入力と英語入力を切り替えます。

▼ エンターキー
変換した文字を決定するときや、改行するときに使います。

▼ ファンクションキー
12個のキーには、ソフトごとによく使う機能が登録されています。

▼ デリートキー
文字を消すときに使います。「del」と表示されている場合もあります。

▼ バックスペースキー
入力位置を示すポインターの直前の文字を1文字削除します。

▼ 文字キー
文字を入力します。

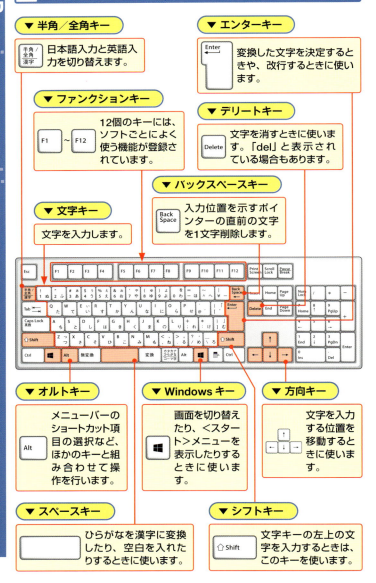

▼ オルトキー
メニューバーのショートカット項目の選択など、ほかのキーと組み合わせて操作を行います。

▼ Windows キー
画面を切り替えたり、<スタート>メニューを表示したりするときに使います。

▼ 方向キー
文字を入力する位置を移動するときに使います。

▼ スペースキー
ひらがなを漢字に変換したり、空白を入れたりするときに使います。

▼ シフトキー
文字キーの左上の文字を入力するときは、このキーを使います。

3 タッチ操作

▼ タップ

画面に触れてすぐ離す操作です。ファイルなど何かを選択するときや、決定を行う場合に使用します。マウスでのクリックに当たります。

▼ ダブルタップ

タップを2回繰り返す操作です。各種アプリを起動したり、ファイルやフォルダーなどを開く際に使用します。マウスでのダブルクリックに当たります。

▼ ホールド

画面に触れたまま長押しする操作です。詳細情報を表示するほか、状況に応じたメニューが開きます。マウスでの右クリックに当たります。

▼ ドラッグ

操作対象をホールドしたまま、画面の上を指でなぞり上下左右に移動します。目的の操作が完了したら、画面から指を離します。

▼ スワイプ/スライド

画面の上を指でなぞる操作です。ページのスクロールなどで使用します。

▼ フリック

画面を指で軽く払う操作です。スワイプと混同しやすいので注意しましょう。

▼ ピンチ/ストレッチ

2本の指で対象に触れたまま指を広げたり狭めたりする操作です。拡大(ストレッチ)/縮小(ピンチ)が行えます。

▼ 回転

2本の指先を対象の上に置き、そのまま両方の指で同時に右または左方向に回転させる操作です。

サンプルファイルのダウンロード

- 本書で使用しているサンプルファイルは、以下のURLのサポートページからダウンロードすることができます。ダウンロードしたときは圧縮ファイルの状態なので、展開してから使用してください。

```
https://gihyo.jp/book/2019/978-4-297-10537-2/support
```

▼ サンプルファイルをダウンロードする

1 ブラウザー（ここではMicrosoft Edge）を起動します。

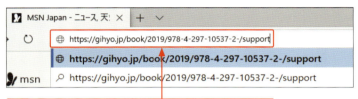

2 ここをクリックしてURLを入力し、Enterを押します。

3 表示された画面をスクロールし、＜ダウンロード＞にある＜サンプルファイル＞をクリックします。

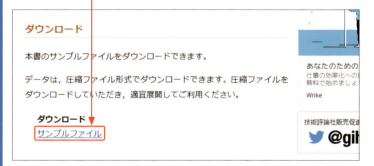

4 ＜開く＞をクリックすると、ファイルがダウンロードされます。

▼ ダウンロードした圧縮ファイルを展開する

1 エクスプローラーの画面が開くので、

2 表示されたフォルダーをクリックし、デスクトップにドラッグします。

3 展開されたフォルダーがデスクトップに表示されます。

4 展開されたフォルダーをダブルクリックすると、

5 各章のフォルダーが表示されます。

Memo

保護ビューが表示された場合

サンプルファイルを開くと、図のようなメッセージが表示されます。＜編集を有効にする＞をクリックすると、本書と同様の画面表示になり、操作を行うことができます。

ここをクリックします。

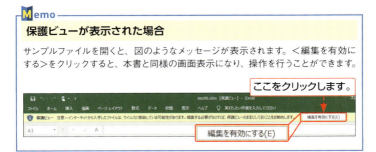

編集を有効にする(E)

9

CONTENTS 目次

第1章　Excel 2019 の基本操作

Section 01　Excelとは? ································· **20**
表計算ソフトとは?
Excelではこんなことができる!

Section 02　Excel 2019を起動／終了する ············· **22**
Excel 2019を起動してブックを開く
Excel 2019を終了する

Section 03　新しいブックを作成する ················· **24**
ブックを新規作成する

Section 04　タスクバーにExcelのアイコンを登録する ······ **26**
スタートメニューから登録する
起動したExcelのアイコンから登録する

Section 05　Excelの画面構成とブックの構成 ··········· **28**
基本的な画面構成
ブック・ワークシート・セル

Section 06　リボンの基本操作 ····················· **30**
作業に応じてタブを切り替える
リボンの表示／非表示を切り替える

Section 07　表示倍率を変更する ··················· **32**
ワークシートを拡大／縮小表示する
選択したセル範囲をウィンドウ全体に表示する

Section 08　ブックを保存する ····················· **34**
ブックに名前を付けて保存する
ブックを上書き保存する

Section 09　保存したブックを閉じる／開く ············ **36**
保存したブックを閉じる
保存したブックを開く

10

第2章 表の作成

Section 10 データ入力の基本を知る･･････････････････････････ **40**
数値を入力する
「,」や「¥」、「%」付きの数値を入力する
日付と時刻を入力する
文字を入力する

Section 11 同じデータや連続するデータを入力する･･････････ **44**
同じデータをすばやく入力する
連続するデータをすばやく入力する
間隔を指定して日付データを入力する
ダブルクリックで連続するデータを入力する

Section 12 データを修正／削除する･････････････････････････ **48**
セル内のデータ全体を書き換える
セル内のデータの一部を修正する
セルのデータを削除する

Section 13 操作をもとに戻す／やり直す･････････････････････ **52**
操作をもとに戻す
操作をやり直す

Section 14 セル範囲を選択する･･････････････････････････････ **54**
複数のセル範囲を選択する
離れた位置にあるセルを選択する
アクティブセル領域を選択する
行や列をまとめて選択する
離れた位置にある行や列を選択する

Section 15 データをコピーする･･････････････････････････････ **58**
データをコピーして貼り付ける
ドラッグ操作でデータをコピーする

Section 16 データを移動する･･････････････････････････････････ **60**
データを切り取って貼り付ける
ドラッグ操作でデータを移動する

11

CONTENTS 目次

Section 17 文字やセルに色を付ける ……………………………………… **62**
文字に色を付ける
セルに色を付ける

Section 18 罫線を引く ………………………………………………………… **64**
選択した範囲に罫線を引く
太線で罫線を引く

Section 19 罫線のスタイルを変更する ……………………………………… **66**
罫線のスタイルと色を変更する
セルに斜線を引く

第3章　数式や関数の利用

Section 20 数式を入力する …………………………………………………… **70**
数式を入力して計算する
セル参照を利用して計算する
ほかのセルに数式をコピーする

Section 21 計算する範囲を変更する ………………………………………… **74**
参照先のセル範囲を変更する
参照先のセル範囲を広げる

Section 22 数式をコピーしたときのセルの参照先について～参照方式 … **76**
相対参照・絶対参照・複合参照の違い
参照方式を切り替える

Section 23 数式をコピーしてもセルの位置が変わらないようにする～絶対参照 … **78**
数式を相対参照でコピーした場合
数式を絶対参照にしてコピーする

Section 24 数式をコピーしても行／列が変わらないようにする～複合参照 … **80**
複合参照でコピーする

Section 25 合計や平均を計算する …………………………………………… **82**
連続したセル範囲のデータの合計を求める
離れた位置にあるセルに合計を求める
複数の列や行の合計をまとめて求める
平均を求める

12

Section 26 関数を入力する……………………………………………… **86**

 <関数ライブラリ>から関数を入力する
 <関数の挿入>から関数を入力する
 関数を直接入力する

Section 27 セルの個数を数える……………………………………… **92**

 数値が入力されたセルの個数を数える
 空白以外のセルの個数を数える

Section 28 計算結果を切り上げる／切り捨てる……………………… **94**

 数値を四捨五入する
 数値を切り上げる
 数値を切り捨てる

Section 29 条件を満たす値を集計する………………………………… **96**

 条件を満たすセルの値の合計を求める
 条件を満たすセルの個数を求める

第4章 文字とセルの書式

Section 30 文字のスタイルを変更する……………………………… **100**

 文字を太字にする
 文字を斜体にする
 文字に下線を付ける
 上付き／下付き文字にする

Section 31 文字サイズやフォントを変更する……………………… **104**

 文字サイズを変更する
 フォントを変更する

Section 32 文字の配置を変更する…………………………………… **106**

 文字をセルの中央に揃える
 セルに合わせて文字を折り返す
 文字の大きさをセルの幅に合わせる
 文字を縦書きにする

Section 33 文字の表示形式を変更する……………………………… **110**

 数値に「¥」を付けて表示する
 数値をパーセンテージで表示する
 数値を3桁区切りで表示する

13

CONTENTS 目次

Section 34 列の幅や行の高さを調整する……………………………… **114**
ドラッグして列の幅を変更する
セルのデータに列の幅を合わせる

Section 35 値や数式のみを貼り付ける……………………………… **116**
値のみを貼り付ける
もとの列幅を保ったまま貼り付ける

Section 36 条件に基づいて書式を設定する……………………… **120**
特定の値より大きい数値に色を付ける
数値の大小に応じて色を付ける

第5章 セル・シート・ブックの操作

Section 37 セルを挿入／削除する………………………………… **124**
セルを挿入する
セルを削除する

Section 38 セルを結合する…………………………………………… **126**
セルを結合して文字を中央に揃える
文字配置を維持したままセルを結合する

Section 39 行や列を挿入／削除する……………………………… **128**
行や列を挿入する
行や列を削除する

Section 40 見出しの行を固定する………………………………… **130**
見出しの行を固定する
行と列を同時に固定する

Section 41 ワークシートを追加／削除する……………………… **132**
ワークシートを追加する
ワークシートを切り替える
ワークシートを削除する
ワークシート名を変更する

Section 42 ワークシートを移動／コピーする ································ **134**
ワークシートを移動／コピーする
ブック間でワークシートを移動／コピーする

Section 43 ウィンドウを分割／整列する ································ **136**
ウィンドウを上下に分割する
1つのブックを左右に並べて表示する

Section 44 データを並べ替える ································ **138**
データを昇順や降順で並べ替える

Section 45 条件に合ったデータを取り出す ································ **140**
フィルターを利用してデータを抽出する
複数の条件を指定してデータを抽出する

| 第**6**章 | グラフの利用 |

Section 46 グラフを作成する ································ **144**
<おすすめグラフ>を利用する

Section 47 グラフの位置やサイズを変更する ································ **146**
グラフを移動する
グラフのサイズを変更する
グラフをほかのシートに移動する

Section 48 軸ラベルを表示する ································ **150**
縦軸ラベルを表示する

Section 49 グラフのレイアウトやデザインを変更する ············· **152**
グラフのレイアウトを変更する
グラフのスタイルを変更する

Section 50 グラフの種類を変更する ································ **154**
グラフ全体の種類を変更する

15

CONTENTS 目次

第7章 図形・画像の利用

Section 51 線や図形を描く ･････････････････････････････････ **158**
直線を描く
曲線を描く
図形を描く
図形の中に文字を入力する

Section 52 図形を編集する ･････････････････････････････････ **162**
図形のコピーやサイズ変更を行う
図形の色を変更する

Section 53 3Dモデルを挿入する ･･･････････････････････････ **164**
オンラインソースから3Dモデルを挿入する

Section 54 写真を挿入する ･････････････････････････････････ **166**
写真を挿入する
写真にスタイルを設定する

Section 55 テキストボックスを挿入する ･････････････････････ **168**
テキストボックスを作成する
文字の配置を変更する
フォントの種類やサイズを変更する

第8章 印刷の操作

Section 56 ワークシートを印刷する ･･･････････････････････ **172**
印刷プレビューを表示する
印刷の向き・用紙サイズ・余白の設定を行う
印刷を実行する

Section 57 改ページ位置を変更する ･･･････････････････････ **176**
改ページプレビューを表示する
改ページ位置を移動する

Section 58 印刷イメージを見ながらページを調整する ･････････ **178**
ページレイアウトビューを表示する
印刷範囲を調整する

Section 59 ヘッダーとフッターを挿入する……………………………… **180**
ヘッダーにファイル名を挿入する
フッターにページ番号を挿入する

Section 60 グラフのみを印刷する……………………………………… **184**
グラフだけを印刷する

Section 61 指定した範囲だけを印刷する……………………………… **186**
選択したセル範囲だけを印刷する
印刷範囲を設定する

Section 62 2ページ目以降に見出しを付けて印刷する…………… **188**
印刷用の列見出しを設定する

索引………………………………………………………………………… **190**

ご注意：ご購入・ご利用の前に必ずお読みください

● 本書に記載された内容は、情報の提供のみを目的としています。したがって、本書を用いた運用は、必ずお客様自身の責任と判断によって行ってください。これらの情報の運用の結果について、技術評論社および著者は、いかなる責任も負いません。

● ソフトウェアに関する記述は、特に断りのないかぎり、2019年4月末日現在での最新バージョンをもとにしています。ソフトウェアはバージョンアップされる場合があり、本書での説明とは機能内容や画面図などが異なってしまうこともあり得ます。あらかじめご了承ください。

● インターネットの情報についてはURLや画面等が変更されている可能性があります。ご注意ください。

以上の注意事項をご承諾いただいた上で、本書をご利用願います。これらの注意事項をお読みいただかずに、お問い合わせいただいても、技術評論社は対処しかねます。あらかじめ、ご承知おきください。

■ 本書に掲載した会社名、プログラム名、システム名などは、米国およびその他の国における登録商標または商標です。本文中では™、®マークは明記していません。

第1章

Excel 2019の基本操作

01	Excelとは？
02	Excel 2019を起動／終了する
03	新しいブックを作成する
04	タスクバーにExcelのアイコンを登録する
05	Excelの画面構成とブックの構成
06	リボンの基本操作
07	表示倍率を変更する
08	ブックを保存する
09	保存したブックを閉じる／開く

Section 01 第1章 Excel 2019の基本操作

Excelとは？

Excelは、四則演算や関数計算、グラフ作成、データベースとしての活用など、**さまざまな機能を持つ表計算ソフト**です。表などに書式を設定して、**見栄えのする文書を作成**することもできます。

1 表計算ソフトとは？

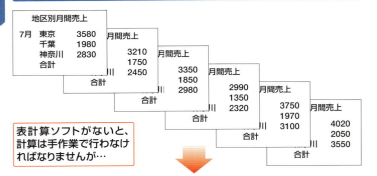

表計算ソフトがないと、計算は手作業で行わなければなりませんが…

表計算ソフトを使うと、膨大なデータの集計をかんたんに行うことができます。データをあとから変更しても、自動的に再計算されます。

Keyword

表計算ソフト

表計算ソフトは、表のもとになるマス目（セル）に数値や数式を入力して、データの集計や分析をしたり、表形式の書類を作成したりするためのアプリです。

2 Excelではこんなことができる！

ワークシートにデータを入力して、Excelの機能を利用すると…

このような報告書もかんたんに作ることができます。

面倒な計算がかんたんにできます。

Memo

数式や関数の利用

数式や関数を使うと、複雑で面倒な計算や各種作業をかんたんに行うことができます。

Memo

グラフの作成

表のデータをもとに、さまざまなグラフを作成することができます。もとになったデータが変更されると、グラフの内容も自動的に変更されます。

表の数値からグラフを作成して、データを視覚化できます。

大量のデータを効率よく管理できます。

Memo

データベースとしての活用

表の中から条件に合うものを抽出したり、並べ替えたり、項目別にデータを集計したりするためのデータベース機能が利用できます。

第1章 Excel 2019の基本操作

21

Section 02　第1章　Excel 2019の基本操作

Excel 2019を起動/終了する

Excel 2019を起動するには、Windows 10の<スタート>をクリックして、<Excel>をクリックします。Excelを終了するには、<閉じる>をクリックします。

第1章　Excel 2019の基本操作

1 Excel 2019を起動してブックを開く

Windows 10を起動しておきます。

1 <スタート>をクリックして、

2 <Excel>をクリックすると、

Memo
Excel 2019の動作環境

Excel 2019は、Windows 10のみに対応しています。Windows 8.1やWindows 7では利用できません。

3 Excel 2019が起動して、スタート画面が開きます。

4 <空白のブック>をクリックすると、

22

5 新しいブックが作成されます。

2 Excel 2019を終了する

1 <閉じる>をクリックすると、

2 Excel 2019が終了して、デスクトップ画面が表示されます。

Memo
複数のブックを開いている場合

複数のブックを開いている場合は、クリックしたウィンドウのブックだけが閉じます。

Memo
ブックを保存していない場合

ブックの作成や編集をしていた場合、保存しないで終了しようとすると、確認のメッセージが表示されます。必要に応じて保存の操作を行ってください。

第1章 Excel 2019の基本操作

23

Section 03　第1章　Excel 2019の基本操作

新しいブックを作成する

新しいブックを作成するには、<ファイル>タブの<新規>から<空白のブック>をクリックします。あらかじめ書式などが設定されているテンプレートから作成することもできます。

1 ブックを新規作成する

P.22の方法でExcelを起動して、<空白のブック>をクリックすると、「Book1」というブックが作成されます。

1 <ファイル>タブをクリックします。

Memo

ブックごとのウィンドウ

Excelでは、ブックごとにウィンドウが開くので、複数のブックを同時に開いて作業がしやすくなっています。

2 <新規>をクリックして、

3 <空白のブック>をクリックすると、

4 「Book2」という名前の2つ目のブックが作成されます。

24

Memo

Backstageビュー

<ファイル>タブをクリックすると、「Backstageビュー」と呼ばれる画面が表示されます。Backstageビューには、新規、開く、保存、印刷、閉じるなどのファイルに関する機能や、Excelの操作に関するさまざまなオプションが設定できる機能が搭載されています。

ここでは<情報>を表示しています。

ここをクリックすると、ワークシートに戻ります。

<ファイル>タブから設定できる機能が表示されます。

さまざまな機能や設定項目が表示されます。

StepUp

テンプレートを利用してブックを作成する

前ページの手順2で表示される<新規>画面には、Excelで利用できるさまざまなテンプレートも用意されています。「テンプレート」とは、ブックを作成する際にひな形となるファイルのことです。<新規>画面に利用したいテンプレートが見つからない場合は、<オンラインテンプレートの検索>ボックスにキーワードを入力したり、<検索の候補>から探すこともできます。

Section 04 第1章 Excel 2019の基本操作

タスクバーにExcelの アイコンを登録する

タスクバーにExcelのアイコンを登録しておくと、Excelをすばやく起動できます。Windows 10のスタートメニューから登録する方法と、起動したExcelのアイコンから登録する方法があります。

1 スタートメニューから登録する

1 <スタート>をクリックします。

2 <Excel>を右クリックして、

3 <その他>にマウスポインターを合わせ、

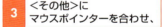

4 <タスクバーにピン留めする>をクリックすると、

5 タスクバーにExcelのアイコンが登録されます。

26

2 起動したExcelのアイコンから登録する

1 タスクバーに表示されるExcelのアイコンを右クリックして、

2 <タスクバーにピン留めする>をクリックすると、

3 タスクバーにExcelのアイコンが登録されます。

Memo

タスクバーからピン留めを外す

登録したExcelのアイコンをタスクバーから外したいときは、アイコンを右クリックして、<タスクバーからピン留めを外す>をクリックします。

1 アイコンを右クリックして、

2 <タスクバーからピン留めを外す>をクリックします。

StepUp

スタートメニューにExcelのアイコンを登録する

P.26の手順**3**で<スタートにピン留めする>をクリックすると、スタートメニューのタイルにExcelのアイコンを登録することができます。Excelアイコンを外したいときは、アイコンを右クリックして、<スタートからピン留めを外す>をクリックします。

Section 05　第1章　Excel 2019の基本操作

Excelの画面構成とブックの構成

Excel 2019の画面は、機能を実行するための**タブ**と、各タブにある**コマンド**、表やグラフなどを作成するための**ワークシート**から構成されています。ここでしっかり確認しておきましょう。

1 基本的な画面構成

リボン
コマンドを一連のタブに整理して表示します。

クイックアクセスツールバー
よく利用するコマンドが表示されています。

タブ
初期状態では10個（あるいは9個）のタブが表示されています。

列番号
列の位置を示すアルファベットを表示しています。

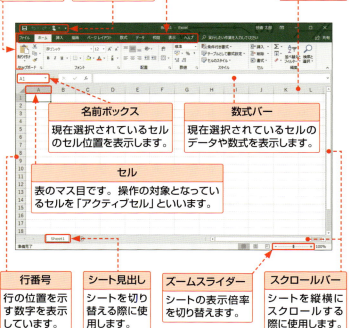

名前ボックス
現在選択されているセルのセル位置を表示します。

数式バー
現在選択されているセルのデータや数式を表示します。

セル
表のマス目です。操作の対象となっているセルを「アクティブセル」といいます。

行番号
行の位置を示す数字を表示しています。

シート見出し
シートを切り替える際に使用します。

ズームスライダー
シートの表示倍率を切り替えます。

スクロールバー
シートを縦横にスクロールする際に使用します。

2 ブック・ワークシート・セル

「ブック」(=ファイル)は、1つまたは複数の「ワークシート」から構成されています。

ブック

保存してあるブック

> **Keyword**
> **ブック**
> 「ブック」とは、Excelで作成したファイルのことです。ブックは、1つあるいは複数のワークシートから構成されます。

> **Keyword**
> **セル**
> 「セル」とは、ワークシートを構成する一つ一つのマス目のことです。ワークシートは、複数のセルから構成されています。

ワークシート

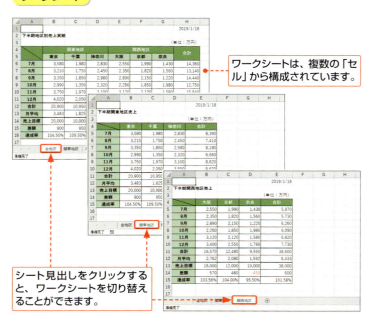

ワークシートは、複数の「セル」から構成されています。

シート見出しをクリックすると、ワークシートを切り替えることができます。

Section 06　第1章　Excel 2019の基本操作

リボンの基本操作

Excelでは、ほとんどの機能を**リボン**で実行することができます。作業スペースが狭く感じるときは、**リボンを折りたたんで、必要なときだけ表示させる**ことができます。

1 作業に応じてタブを切り替える

フォントや文字配置を変更するときは＜ホーム＞タブ、グラフを作成するときは＜挿入＞タブというように、作業に応じてタブを切り替えて使用します。

1 たとえば、グラフを作成するときは＜挿入＞タブをクリックして、

2 目的のグラフのコマンドをクリックします。

グループ　　コマンド

3 コマンドをクリックしてドロップダウンメニューが表示されたときは、

4 メニューから目的の機能をクリックします。

2 リボンの表示／非表示を切り替える

1 ＜リボンを折りたたむ＞をクリックすると、

2 リボンが折りたたまれ、タブの名前の部分のみが表示されます。

3 目的のタブの名前の部分をクリックすると、

4 リボンが一時的に表示され、クリックしたタブの内容が表示されます。

5 ＜リボンの固定＞をクリックすると、リボンが常に表示された状態になります。

Memo

＜リボンの表示オプション＞を使って切り替える

画面右上にある＜リボンの表示オプション＞をクリックして、＜タブの表示＞をクリックすると、タブの名前の部分のみの表示になります。再度＜リボンの表示オプション＞をクリックして、＜タブとコマンドの表示＞をクリックすると、リボンが表示されます。

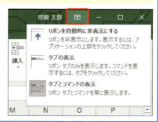

Section 07　第1章　Excel 2019の基本操作

表示倍率を変更する

表の文字が小さすぎて読みにくい場合や、表が大きすぎて全体が把握できない場合は、**ワークシートを拡大や縮小**して見やすくすることができます。初期の状態では100%に設定されています。

1 ワークシートを拡大／縮小表示する

初期の状態では、表示倍率は100%に設定されています。

| 1 | <ズーム>を左方向（右方向）にドラッグすると、 | 2 | ワークシートが縮小（拡大）表示されます。 | | ここに倍率が表示されます。 |

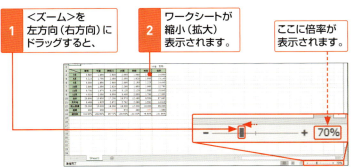

Hint
標準の表示倍率に戻すには？

ワークシートの表示倍率を標準に戻すには、<表示>タブの<100%>をクリックします。

32

2 選択したセル範囲をウィンドウ全体に表示する

1 拡大表示したいセル範囲を選択して、

2 <表示>タブをクリックします。

3 <選択範囲に合わせて拡大／縮小>をクリックすると、

4 選択したセル範囲が、ウィンドウ全体に表示されます。

Memo

表示倍率は印刷に反映されない

表示倍率は印刷には反映されません。ワークシートを拡大／縮小して印刷したい場合は、P.175のStepUpを参照してください。

StepUp

<ズーム>ダイアログボックスの利用

ワークシートの表示倍率は、<表示>タブの<ズーム>をクリックすると表示される<ズーム>ダイアログボックスを利用して変更することもできます。

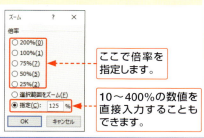

ここで倍率を指定します。

10～400%の数値を直接入力することもできます。

第1章 Excel 2019の基本操作

33

Section 08 ブックを保存する

第1章 Excel 2019の基本操作

ブックの保存には、新規に作成したブックや編集したブックに名前を付けて保存する**名前を付けて保存**と、ブック名を変更せずに内容を更新する**上書き保存**とがあります。

1 ブックに名前を付けて保存する

1 <ファイル>タブをクリックして、

2 <名前を付けて保存>をクリックします。

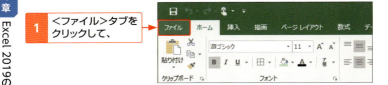

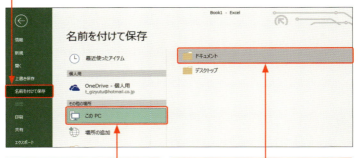

3 <このPC>をクリックして、

4 <ドキュメント>をクリックします。

Memo

保存場所を指定する

ブックに名前を付けて保存するには、保存場所を先に指定します。パソコンに保存する場合は、<このPC>をクリックします。OneDrive(インターネット上の保存場所)に保存する場合は、<OneDrive-個人用>をクリックします。また、<参照>をクリックして、保存場所を指定することもできます。

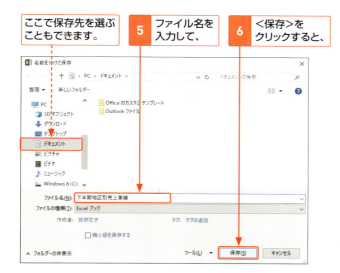

2 ブックを上書き保存する

- **Memo**

上書き保存を行うそのほかの方法

上書き保存は、<ファイル>タブをクリックして、<上書き保存>をクリックしても行うことができます。

Section 09　第1章　Excel 2019の基本操作

保存したブックを閉じる／開く

作業が終了してブックを保存したら、**ブック（ファイル）を閉じ**ます。また、保存してあるブックを開くには、**＜ファイルを開く＞ダイアログボックス**を利用します。

1 保存したブックを閉じる

1 ＜ファイル＞タブをクリックして、

2 ＜閉じる＞をクリックすると、

Hint
複数のブックが開いている場合

複数のブックを開いている場合は、右の操作を行うと、現在作業中のブックだけが閉じます。

3 作業中のブックが閉じます。

2 保存したブックを開く

1 <ファイル>タブをクリックして、

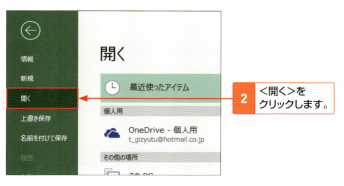

2 <開く>をクリックします。

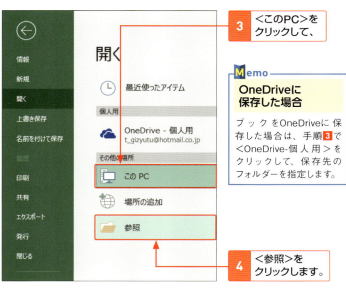

3 <このPC>をクリックして、

4 <参照>をクリックします。

Memo

OneDriveに保存した場合

ブックをOneDriveに保存した場合は、手順3で<OneDrive-個人用>をクリックして、保存先のフォルダーを指定します。

第1章 Excel 2019の基本操作

| 5 | ブックが保存されている フォルダーを指定して、 | 6 | 目的のブックをクリックし、 | 7 | <開く>をクリックすると、 |

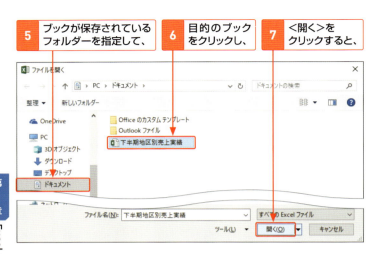

8 目的のブックが開きます。

Memo

<最近使ったアイテム>から開く

<ファイル>タブをクリックして、<開く>をクリックすると、最近使ったアイテム一覧が表示されます。この中から目的のブックを開くこともできます。

最近使ったブックの一覧が表示されます。

第2章

表の作成

10　データ入力の基本を知る
11　同じデータや連続するデータを入力する
12　データを修正／削除する
13　操作をもとに戻す／やり直す
14　セル範囲を選択する
15　データをコピーする
16　データを移動する
17　文字やセルに色を付ける
18　罫線を引く
19　罫線のスタイルを変更する

Section 10 第2章 表の作成

データ入力の基本を知る

セルにデータを入力するには、セルをクリックして選択状態にします。データを入力すると、通貨スタイルや日付スタイルなど、適切な表示形式が自動的に設定されます。

1 数値を入力する

1 セルをクリックすると、

2 セルが選択され、アクティブセルになります。

Keyword
アクティブセル

セルをクリックすると、そのセルが選択され、グリーンの枠で囲まれます。これが、現在操作の対象となっているセルで「アクティブセル」といいます。

3 データを入力して、

4 Enterを押すと、入力したデータが確定し、

5 アクティブセルが下に移動します。

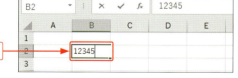

2 「,」や「¥」、「%」付きの数値を入力する

「,」(カンマ) 付きで数値を入力する

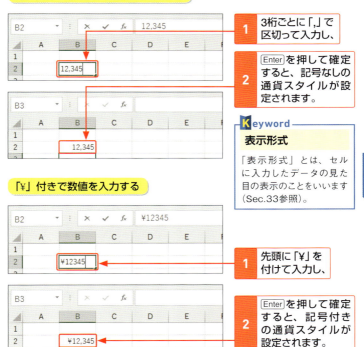

1. 3桁ごとに「,」で区切って入力し、
2. Enterを押して確定すると、記号なしの通貨スタイルが設定されます。

Keyword

表示形式

「表示形式」とは、セルに入力したデータの見た目の表示のことをいいます(Sec.33参照)。

「¥」付きで数値を入力する

1. 先頭に「¥」を付けて入力し、
2. Enterを押して確定すると、記号付きの通貨スタイルが設定されます。

「%」付きで数値を入力する

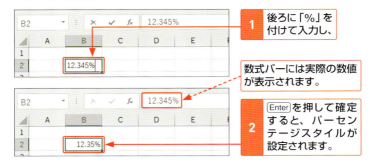

1. 後ろに「%」を付けて入力し、

数式バーには実際の数値が表示されます。

2. Enterを押して確定すると、パーセンテージスタイルが設定されます。

3 日付と時刻を入力する

西暦の日付を入力する

1. 数値を「/」(スラッシュ)、もしくは「-」(ハイフン)で区切って入力し、

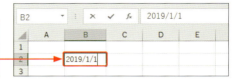

2. Enterを押して確定すると、西暦の日付スタイルが設定されます。

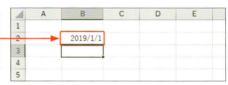

時刻を入力する

1. 「時、分、秒」を表す数値を「:」(コロン)で区切って入力し、

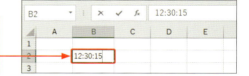

2. Enterを押して確定すると、ユーザー定義スタイルの時刻表示が設定されます。

Memo

「####」が表示される場合は?

列幅をユーザーが変更していない場合は、データを入力すると自動的に列幅が調整されますが、すでに変更しており、その列幅が不足している場合は、右図のように表示されます。この場合は、列幅を調整します (Sec.34参照)。

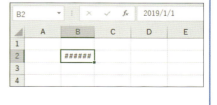

4 文字を入力する

1 半角/全角 を押して、入力モードを<ひらがな>に切り替えます（下のMemo参照）。

2 文字の読みを入力して、

3 Space を押すと、

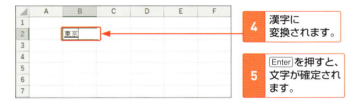

4 漢字に変換されます。

5 Enter を押すと、文字が確定されます。

Memo

入力モードの切り替え

Excelを起動した直後は、入力モードが<半角英数>になっています。日本語を入力するには、半角/全角 を押して、入力モードを<ひらがな>に切り替えてから入力します。なお、Windows 10では入力モードの切り替え時、画面中央に「あ」や「A」が表示されます。

半角英数入力モード　　　　ひらがな入力モード

Section 11　第2章　表の作成

同じデータや連続するデータを入力する

オートフィル機能を利用すると、同じデータや連続するデータをドラッグ操作ですばやく入力することができます。間隔を指定して日付データを入力することもできます。

1 同じデータをすばやく入力する

1 データを入力したセルをクリックします。

2 フィルハンドルにマウスポインターを合わせて、

マウスポインターの形が╋に変わります。

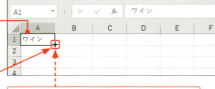

3 下方向へドラッグし、

Keyword

オートフィル

「オートフィル」とは、セルのデータをもとにして、連続データや同じデータをドラッグ操作で自動的に入力する機能のことです。

4 マウスのボタンを離すと、同じデータが入力されます。

オートフィルオプション（P.46参照）

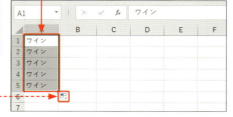

2 連続するデータをすばやく入力する

曜日を入力する

1 「月曜日」と入力されたセルをクリックして、フィルハンドルをドラッグすると、

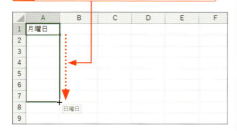

2 曜日の連続データが入力されます。

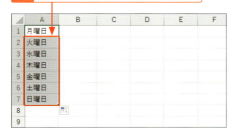

Hint

こんな場合も連続データになる

下図のようなデータも連続データとみなされます。

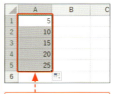

間隔を空けた2つ以上の数字

数字と数字以外の文字を含むデータ

連続する数値を入力する

1 連続する数値が入力されたセルを選択し、

2 フィルハンドルをドラッグすると、

3 数値の連続データが入力されます。

第2章 表の作成

45

3 間隔を指定して日付データを入力する

1 日付が入力されたセルのフィルハンドルをドラッグすると、

2 連続データが入力されます。

3 <オートフィルオプション>をクリックして、

第2章 表の作成

Memo

<オートフィルオプション>の利用

オートフィルの動作は、<オートフィルオプション>をクリックすることで変更できます。

- ○ セルのコピー(C)
- ◉ 連続データ(S)
- ○ 書式のみコピー (フィル)(F)
- ○ 書式なしコピー (フィル)(O)
- ○ 連続データ (日単位)(D)
- ○ 連続データ (週日単位)(W)
- ○ 連続データ (月単位)(M)
- ○ 連続データ (年単位)(Y)
- ○ フラッシュ フィル(F)

4 <連続データ (月単位)>をクリックすると、

5 日付が月単位の間隔で入力されます。

4 ダブルクリックで連続するデータを入力する

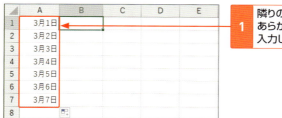

1 隣りの列にあらかじめデータを入力しておきます。

2 「金曜日」と入力したセルをクリックして、

3 フィルハンドルにマウスポインターを合わせてダブルクリックすると、

	A	B	C	D	E
1	3月1日	金曜日			
2	3月2日	土曜日			
3	3月3日	日曜日			
4	3月4日	月曜日			
5	3月5日	火曜日			
6	3月6日	水曜日			
7	3月7日	木曜日			
8					

4 隣接する列と同じ数の連続データが入力されます。

Memo
ダブルクリックで入力できるデータ

ダブルクリックで連続データを入力するには、隣接する列にデータが入力されている必要があります。入力できるのは下方向に限られます。

第2章 表の作成

Hint
連続データとして扱われるデータ

連続データとして入力されるデータのリストは、＜ユーザー設定リスト＞ダイアログボックスで確認することができます。＜ユーザー設定リスト＞ダイアログボックスは、＜ファイル＞タブ→＜オプション＞→＜詳細設定＞の順にクリックし、＜全般＞グループの＜ユーザー設定リストの編集＞をクリックすると表示されます。

Section 12 第2章 表の作成

データを修正／削除する

セルに入力したデータを修正するには、セルのデータを**すべて書き換える**方法と、データの**一部を修正する**方法があります。また、セル内のデータだけを消したい場合は、データを**削除**します。

1 セル内のデータ全体を書き換える

「関東」を「東京」に修正します。

1 修正するセルをクリックして、

2 データを入力すると、もとのデータが書き換えられます。

Hint

修正をキャンセルするには？

入力を確定する前に修正を取り消したい場合は、Esc を数回押します。入力を確定した直後の取り消し方法については、P.52 を参照してください。

3 Enter を押すと、セルの修正が確定します。

第2章 表の作成

48

2 セル内のデータの一部を修正する

文字を挿入する

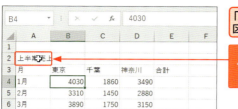

「上半期」の後ろに「地区別」を入力します。

1 修正したいデータの入ったセルをダブルクリックすると、

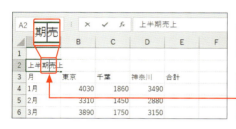

2 セル内にカーソルが表示されます。

3 修正したい文字の後ろにカーソルを移動して、

4 データを入力し、

5 Enterを押すと、カーソルの位置にデータが挿入されます。

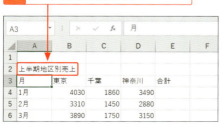

M emo

データの一部を削除する

セル内にカーソルが表示されている状態で、Delete やBackSpaceを押すと、カーソルの前後の文字を削除できます。

文字を上書きする

「上半期」を「第1四半期」に修正します。

1. セル内にカーソルを表示します（P.49参照）。

2. データの一部をドラッグして選択し、

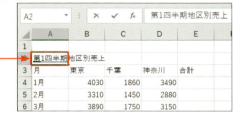

3. データを入力すると、選択した部分が書き換えられます。

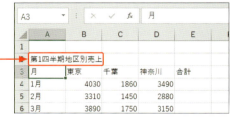

4. Enterを押すと、セルの修正が確定します。

StepUp

数式バーを利用して修正する

セル内のデータの修正は、数式バーでも行うことができます。目的のセルをクリックして数式バーをクリックすると、数式バー内にカーソルが表示され、データが修正できるようになります。

1. 修正するセルをクリックして、

2. 数式バーをクリックすると、カーソルが表示され、修正できる状態になります。

第2章 表の作成

50

3 セルのデータを削除する

1 データを削除するセルをクリックして、

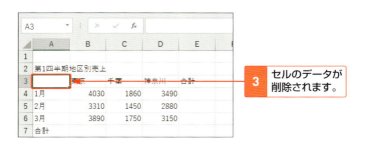

Hint

**複数のセルの
データを削除する**

データを削除するセル範囲をドラッグして選択し（Sec.14参照）、Delete を押すと、選択したセルのデータが削除されます。

2 Delete を押すと、

3 セルのデータが削除されます。

StepUp

書式も含めて削除する

上記の手順では、セルのデータは削除されますが、罫線や背景色などの書式は削除されません。書式も含めて削除する場合は、セル範囲を選択して右の操作を行います。

1 <ホーム>タブの<クリア>をクリックして、

2 <すべてクリア>をクリックします。

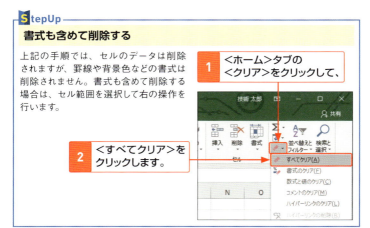

Section 13　第2章　表の作成

操作を もとに戻す／やり直す

操作をやり直したい場合は、クイックアクセスツールバーの<元に戻す>や<やり直し>を使います。直前の操作だけでなく、複数の操作をまとめて戻すこともできます。

1 操作をもとに戻す

間違えてデータを削除してしまいました。

1 <元に戻す>をクリックすると、

Memo
操作をもとに戻す

<元に戻す>をクリックすると、クリックするたびに、直前に行った操作を取り消すことができます。ただし、ファイルをいったん終了すると、取り消すことはできなくなります。

2 直前に行った操作（データの削除）が取り消されます。

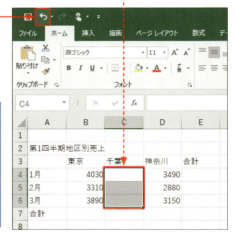

2 操作をやり直す

P.52の、直前に行った操作が取り消された状態から実行します。

1 <やり直し>をクリックすると、

Memo

操作をやり直す

クイックアクセスツールバーの<やり直し>をクリックすると、取り消した操作を順番にやり直すことができます。ただし、ファイルをいったん終了すると、やり直すことはできなくなります。

第2章 表の作成

2 取り消した操作がやり直され、データが削除されます。

StepUp

複数の操作をまとめてもとに戻す／やり直す

複数の操作をまとめて取り消したり、やり直したりするには、<元に戻す>や<やり直し>の▼をクリックして、一覧から戻したい操作や、やり直したい操作を選択します。

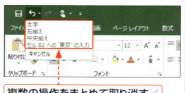

複数の操作をまとめて取り消す／やり直すことができます。

53

Section 14　第2章　表の作成

セル範囲を選択する

データのコピーや移動、書式設定などを行う際には、**操作の対象となるセルやセル範囲を選択**します。複数のセルや行・列などを同時に選択しておけば、まとめて設定できるので効率的です。

1 複数のセル範囲を選択する

マウス操作だけで選択する

Hint

範囲を選択する際のマウスポインターの形

ドラッグ操作でセル範囲を選択するときは、マウスポインターの形が ✚ の状態で行います。これ以外の状態では、セル範囲を選択することができません。

1 選択範囲の始点となるセルにマウスポインターを合わせます。

	A	B	C	D	E
1	第1四半期地区別売上				
2	✚	東京	千葉	神奈川	合計
3	1月	4030	1860	3490	
4	2月	3310	1450	2880	
5	3月	3890	1750	3150	
6	合計				
7					
8					

2 そのまま、終点となるセルまでドラッグし、

Memo

一部のセルの選択を解除するには?

セルを複数選択したあとで特定のセルだけ選択を解除するには、Ctrlを押しながらセルをクリックあるいはドラッグします。

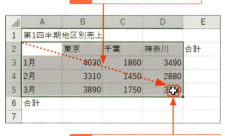

3 マウスのボタンを離すと、セル範囲が選択されます。

マウスとキーボードでセル範囲を選択する

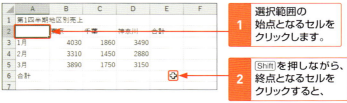

1. 選択範囲の始点となるセルをクリックします。
2. [Shift]を押しながら、終点となるセルをクリックすると、

3. セル範囲が選択されます。

マウスとキーボードで選択範囲を広げる

1. 選択範囲の始点となるセルをクリックします。

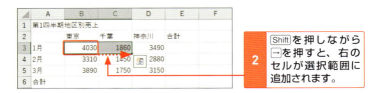

2. [Shift]を押しながら[→]を押すと、右のセルが選択範囲に追加されます。

3. [Shift]を押しながら[↓]を押すと、下のセルが選択範囲に追加されます。

Hint
選択を解除するには？

セル範囲の選択を解除するには、ワークシート内のいずれかのセルをクリックします。

2 離れた位置にあるセルを選択する

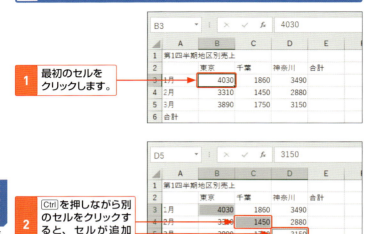

1. 最初のセルをクリックします。
2. Ctrlを押しながら別のセルをクリックすると、セルが追加選択されます。

3 アクティブセル領域を選択する

1. セルをクリックして、
2. Ctrl+Shift+:を押すと、

Keyword

アクティブセル領域

データが入力された矩形（長方形）のセル範囲のことを「アクティブセル領域」といいます。

3. アクティブセル領域が選択されます。

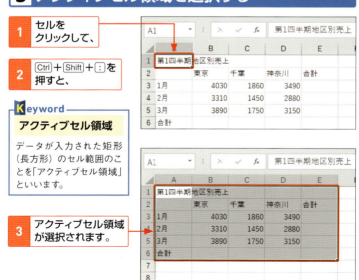

4 行や列をまとめて選択する

1 行番号の上にマウスポインターを合わせて、

2 そのままドラッグすると、

3 複数の行が選択されます。

StepUp

ワークシート全体の選択

ワークシート左上の、行番号と列番号が交差している部分をクリックすると、ワークシート全体を選択することができます。

5 離れた位置にある行や列を選択する

1 行番号をクリックすると、行全体が選択されます。

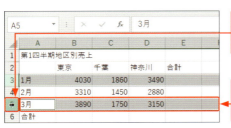

2 Ctrlを押しながら行番号をクリックすると、

3 離れた位置にある行が追加選択されます。

Section 15

第2章 表の作成

データをコピーする

入力済みのデータと同じデータを入力する場合は、データを**コピーして貼り付ける**と入力の手間が省けます。ここでは、コマンドを使う方法とドラッグ操作を使う方法を紹介します。

1 データをコピーして貼り付ける

1 コピーするセルをクリックして、

2 <ホーム>タブをクリックし、

3 <コピー>をクリックします。

Memo

データの貼り付け

コピーもとのセル範囲が破線で囲まれている間は、コピーもとのデータを何度でも貼り付けることができます。

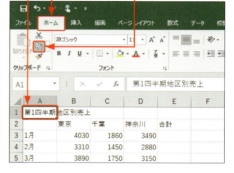

4 貼り付け先のセルをクリックして、

5 <ホーム>タブの<貼り付け>のここをクリックすると、

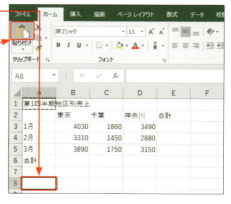

2 ドラッグ操作でデータをコピーする

Section 16 第2章 表の作成

データを移動する

入力済みのデータを移動するには、**セル範囲を切り取って、目的の位置に貼り付け**ます。方法はいくつかありますが、ここでは、コマンドを使う方法とドラッグ操作を使う方法を紹介します。

1 データを切り取って貼り付ける

1 移動するセル範囲を選択して、

2 <ホーム>タブをクリックし、

3 <切り取り>をクリックします。

Hint 移動をキャンセルするには？

移動するセル範囲に破線が表示されている間は、Escを押すと、移動をキャンセルすることができます。

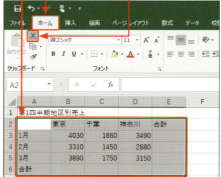

4 移動先のセルをクリックして、

5 <ホーム>タブの<貼り付け>のここをクリックすると、

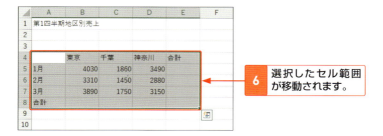

6 選択したセル範囲が移動されます。

2 ドラッグ操作でデータを移動する

1 移動するセルをクリックして、

2 境界線にマウスポインターを合わせると、ポインターの形が変わります。

3 移動先へドラッグしてマウスのボタンを離すと、

4 選択したセルが移動されます。

Memo

ドラッグ操作でコピー/移動する際の注意点

ドラッグ操作でデータをコピー/移動すると、クリップボードにデータが保管されないため、データは一度しか貼り付けられません。クリップボードとは、Windowsの機能の1つで、データが一時的に保管される場所のことです。

Section 17　第2章　表の作成

文字やセルに色を付ける

文字やセルの背景に色を付けると、見やすい表に仕上がります。文字に色を付けるには、<ホーム>タブの<フォントの色>を、セルに背景色を付けるには、<塗りつぶしの色>を利用します。

1 文字に色を付ける

1 文字色を付けるセルをクリックします。

2 <ホーム>タブをクリックして、

3 <フォントの色>のここをクリックし、

Hint
一覧に目的の色がない場合は？

手順3で表示される一覧に目的の色がない場合は、<その他の色>をクリックして、色を選択します。

4 目的の色にマウスポインターを合わせると、色が一時的に適用されて表示されます。

5 文字色をクリックすると、文字の色が変更されます。

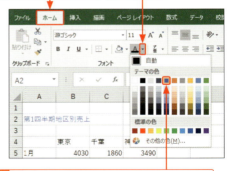

62

2 セルに色を付ける

1 色を付けるセル範囲を選択します（P.56参照）。

2 <ホーム>タブの<塗りつぶしの色>のここをクリックして、

3 目的の色にマウスポインターを合わせると、色が一時的に適用されて表示されます。

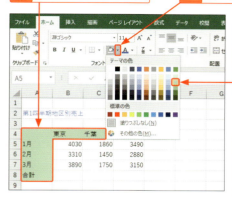

Hint

背景色を消すには？

セルの背景色を消すには、目的の範囲を選択して、手順3で<塗りつぶしなし>をクリックします。

4 色をクリックすると、セルの背景に色が付きます。

StepUp

<セルのスタイル>を利用する

<ホーム>タブの<セルのスタイル>を利用すると、Excelにあらかじめ用意された書式をタイトルに設定したり、セルにテーマのセルスタイルを設定したりすることができます。

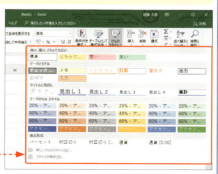

ここでスタイルを設定できます。

Section 18 第2章 表の作成

罫線を引く

ワークシートに目的のデータを入力したら、表が見やすいように罫線を引きます。罫線を引くには、＜ホーム＞タブの＜罫線＞を利用します。罫線のスタイルは任意に設定できます。

1 選択した範囲に罫線を引く

1. 目的のセル範囲を選択して、
2. ＜ホーム＞タブをクリックします。
3. ここをクリックして、
4. 罫線の種類をクリックすると（ここでは＜格子＞）、

Hint
罫線を削除するには？

罫線を削除するには、目的のセル範囲を選択して、罫線メニューを表示し、手順4で＜枠なし＞をクリックします。

5. 選択したセル範囲に罫線が引かれます。

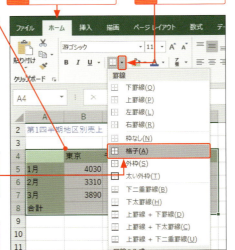

2 太線で罫線を引く

1 罫線を引くセル範囲を選択して、<ホーム>タブをクリックします。

2 ここをクリックして、

3 <線のスタイル>にマウスポインターを合わせ、

4 罫線のスタイルをクリックします。

5 ここをクリックして、

6 <格子>をクリックすると、

Memo

線のスタイル

線のスタイルや色を指定して罫線を引くと、これ以降、選択した線のスタイルや色で罫線が引かれるので注意が必要です。

7 選択した線のスタイルで罫線が引かれます。

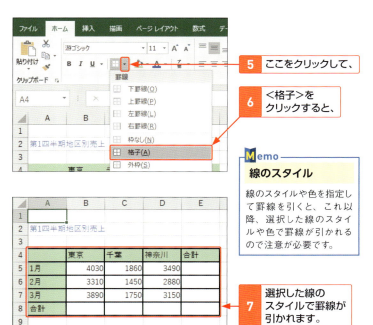

Section 19 第2章 表の作成

罫線のスタイルを変更する

罫線は、**<セルの書式設定>ダイアログボックス**を利用して引くこともできます。このダイアログボックスを利用すると、線のスタイルや色などをまとめて設定することができます。

1 罫線のスタイルと色を変更する

Sec.18で引いた罫線の内側を点線にして色を変更します。

1 セル範囲を選択します。

2 <ホーム>タブをクリックして、

3 ここをクリックし、

4 <その他の罫線>をクリックします。

5 <スタイル>で罫線のスタイルをクリックして、

Hint

<罫線>で罫線を削除するには？

<セルの書式設定>ダイアログボックスで罫線を削除するには、<罫線>欄で削除したい箇所をクリックします。すべての罫線を削除するには、<プリセット>欄の<なし>をクリックします。

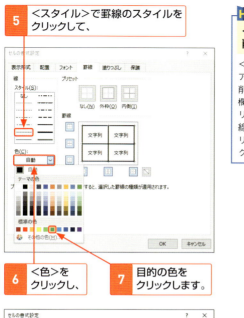

6 <色>をクリックし、

7 目的の色をクリックします。

8 <プリセット>の<内側>をクリックして、

9 <OK>をクリックすると、

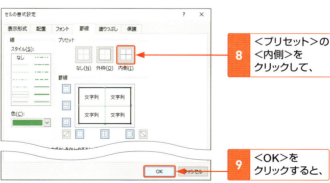

10 内側の罫線のスタイルと色が変更されます。

2 セルに斜線を引く

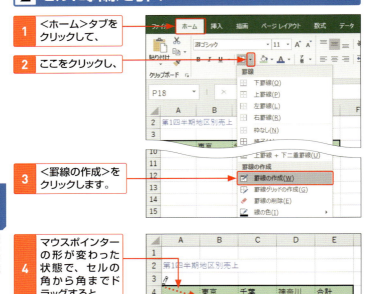

1 <ホーム>タブをクリックして、
2 ここをクリックし、
3 <罫線の作成>をクリックします。
4 マウスポインターの形が変わった状態で、セルの角から角までドラッグすると、

5 斜線が引かれます。
6 Escを押して、マウスポインターをもとに戻します。

Hint

罫線の一部を削除するには？

一部の罫線を削除するには、手順3で<罫線の削除>をクリックして、罫線を削除したいセル範囲をドラッグ、またはクリックします。

第3章

数式や関数の利用

20	数式を入力する
21	計算する範囲を変更する
22	数式をコピーしたときのセルの参照先について～参照方式
23	数式をコピーしてもセルの位置が変わらないようにする～絶対参照
24	数式をコピーしても行／列が変わらないようにする～複合参照
25	合計や平均を計算する
26	関数を入力する
27	セルの個数を数える
28	計算結果を切り上げる／切り捨てる
29	条件を満たす値を集計する

Section 20 第3章 数式や関数の利用

数式を入力する

数値を計算するには、結果を表示するセルに数式を入力します。数式は、**セル内に数値や算術演算子を入力**して計算するほかに、**数値のかわりにセル参照を指定**して計算することができます。

■ 数式とは

「数式」とは、さまざまな計算をするための計算式のことです。「=」(等号)と数値データ、算術演算子と呼ばれる記号(*、/、+、-など)を入力して結果を求めます。数値を入力するかわりにセルの位置などを指定して計算することもできます。「=」や数値、算術演算子などは、すべて半角で入力します。

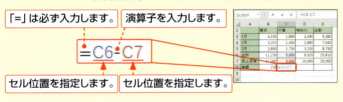

「=」は必ず入力します。　演算子を入力します。

= C6 - C7

セル位置を指定します。　セル位置を指定します。

1 数式を入力して計算する

Memo
文字書式

この章で使用している表には、数値に桁区切りスタイルを設定しています。文字の表示形式については、第4章で解説します。

セル [B8] にセル [B6] の合計とセル [B7] の売上目標の差額を計算します。

1 差額を計算するセルをクリックして、半角で「=」を入力します。

	A	B	C	D	E	F	G
1	第1四半期地区別売上						
2		東京	千葉	神奈川	合計		
3	1月	4,030	1,860	3,490	9,380		
4	2月	3,310	1,450	2,880	7,640		
5	3月	3,890	1,750	3,150	8,790		
6	合計	11,230	5,060	9,520	25,810		
7	売上目標	11,000	5,000	10,000	26,000		
8	差額	=					

| | 2 | 続いて半角で「11230-11000」と入力して、 | | 3 | Enter を押すと、 |

Keyword

算術演算子

「算術演算子」(演算子)とは、数式の中の算術演算に用いられる記号のことで、以下のようなものがあります。

+ 足し算
− 引き算
* かけ算
/ 割り算
^ べき乗
% パーセンテージ

	A	B	C	D	E	F
1	第1四半期地区別売上					
2		東京	千葉	神奈川	合計	
3	1月	4,030	1,860	3,490	9,380	
4	2月	3,310	1,450	2,880	7,640	
5	3月	3,890	1,750	3,150	8,790	
6	合計	11,230	5,060	9,520	25,810	
7	売上目標	11,000	5,000	10,000	26,000	
8	差額	=11230-11000				
9						
10						

	A	B	C	D	E	F
1	第1四半期地区別売上					
2		東京	千葉	神奈川	合計	
3	1月	4,030	1,860	3,490	9,380	
4	2月	3,310	1,450	2,880	7,640	
5	3月	3,890	1,750	3,150	8,790	
6	合計	11,230	5,060	9,520	25,810	
7	売上目標	11,000	5,000	10,000	26,000	
8	差額	230				
9						
10						

| 4 | 計算結果が表示されます。 |

2 セル参照を利用して計算する

セル [C8] にセル [C6] の合計とセル [C7] の売上目標の差額を計算します。

| 1 | 差額を計算するセルに、半角で「=」を入力します。 |

	A	B	C	D	E	F
1	第1四半期地区別売上					
2		東京	千葉	神奈川	合計	
3	1月	4,030	1,860	3,490	9,380	
4	2月	3,310	1,450	2,880	7,640	
5	3月	3,890	1,750	3,150	8,790	
6	合計	11,230	5,060	9,520	25,810	
7	売上目標	11,000	5,000	10,000	26,000	
8	差額	230	=			
9						
10						

Keyword

セル参照

「セル参照」とは、数式の中で数値のかわりにセルの位置を指定することです。セル参照を利用すると、データを修正した場合、計算結果が自動的に更新されます。

第3章 数式や関数の利用

2 参照するセルをクリックすると、

3 クリックしたセルの位置 [C6] が入力されます。

4 「−」（マイナス）を入力して、

Memo

セルの位置

セルの位置は、列番号と行番号を組み合わせて表します。たとえば [C6] は、列「C」と行「6」の交差するセルを指します。

5 参照するセルをクリックすると、

6 クリックしたセルの位置 [C7] が入力されます。

Hint

数式の入力を取り消すには?

数式の入力を途中で取り消したい場合は、Escを押します。

7 Enterを押すと、

8 計算結果が表示されます。

3 ほかのセルに数式をコピーする

セル [C8] には、「=C6-C7」という数式が入力されています（P.71、72参照）。

Memo

数式をコピーする

数式をコピーするには、数式が入力されているセル範囲を選択し、フィルハンドル（セルの右下隅にあるグリーンの四角形）をコピー先までドラッグします。

1 数式が入力されているセル [C8] をクリックして、

2 フィルハンドルをセル [E8] までドラッグすると、

たとえばセル [E8] の数式は、セル [E6] とセル [E7] の差額を計算する数式に変わります。

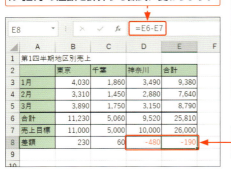

Memo

数式が入力されているセルのコピー

数式が入力されているセルをコピーすると、参照先のセルもそのセルと相対的な位置関係が保たれるように、セル参照が自動的に変化します。

3 数式がコピーされます。

Section 21　第3章　数式や関数の利用

計算する範囲を変更する

数式内のセルの位置に対応するセル範囲は**色付きの枠（カラーリファレンス）**で囲まれて表示されます。この**枠をドラッグ**することで、計算する範囲を変更することができます。

1 参照先のセル範囲を変更する

1 このセルをダブルクリックして、カラーリファレンスを表示します。

	A	B	C	D	E
1	第1四半期地区別売上				
2		東京	千葉	神奈川	合計
3	1月		1,860	3,490	5,890
4	2月		1,450	2,880	7,640
5	3月	3,890	1,750	3,150	8,790
6	合計	11,230	5,060	9,520	22,320
7	売上目標	11,000	5,000	10,000	26,000
8	差額	230	60	-480	-3680
9	達成率	1.020909	=C5/C7		

2 参照先のセル範囲を示す枠にマウスポインターを合わせると、ポインターの形が変わるので、

Keyword
カラーリファレンス

「カラーリファレンス」とは、数式内のセルの位置とそれに対応するセル範囲に色を付けて、対応関係を示す機能のことです。

3 セル[C6]までカラーリファレンスの枠をドラッグします。

SUMIF　fx =C6/C7

	A	B	C	D	E
1	第1四半期地区別売上				
2		東京	千葉	神奈川	合計
3	1月	4,030	1,860	3,490	5,890
4	2月	3,310	1,450	2,880	7,640
5	3月	3,890	1,750	3,150	8,790
6	合計	11,230	5,060	9,520	22,320
7	売上目標	11,000	5,000	10,000	26,000
8	差額	230	60	-480	-3680
9	達成率	1.020909	=C6/C7		

枠を移動すると、数式のセルの位置も変更されます。

2 参照先のセル範囲を広げる

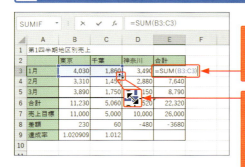

1. このセルをダブルクリックして、カラーリファレンスを表示します。
2. 参照先のセル範囲を示す枠の右下隅のハンドルにマウスポインターを合わせると、ポインターの形が変わるので、

3. セル [D3] までドラッグします。
4. Enter を押すと、

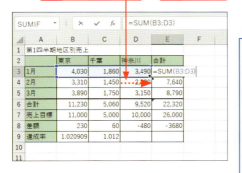

Memo
セル範囲の指定

連続するセル範囲を指定するときは、開始セルと終了セルを「:」（コロン）で区切ります。たとえば手順5の図では、セル[B3]、[C3]、[D3] の値の合計を求めているので、「B3:D3」と指定しています。

5. 参照するセル範囲が変更され、合計が再計算されます。

Memo
参照先はどの方向にも広げられる

カラーリファレンスに表示される四隅のハンドルをドラッグすることで、参照先をどの方向にも広げる（狭める）ことができます。

Section 22 第3章 数式や関数の利用

数式をコピーしたときのセルの参照先について〜参照方式

セルの参照方式には、**相対参照**、**絶対参照**、**複合参照**があり、目的に応じて使い分けることができます。ここでは、3種類の参照方式の違いと、参照方式の切り替え方法を確認しておきましょう。

1 相対参照・絶対参照・複合参照の違い

相対参照

Keyword

相対参照

「相対参照」とは、数式が入力されているセルを基点として、ほかのセルの位置を相対的な位置関係で指定する参照方式のことです。

数式「=B3/C3」が入力されています。

	A	B	C	D	E
1	文具売上				
2	商品名	売上高	売上目標	達成率	
3	ノート	10050	6000	=B3/C3	
4	ボールペン	5078	4000	=B4/C4	
5	色鉛筆	9240	5000	=B5/C5	
6	消しゴム	4620	2500	=B6/C6	
7					

数式をコピーすると、参照先が自動的に変更されます。

絶対参照

Keyword

絶対参照

「絶対参照」とは、参照するセルの位置を固定する参照方式のことです。数式をコピーしても、参照するセルの位置は変更されません。

数式「B3/$B$7」が入力されています。

	A	B	C	D
1	売上構成比			
2	商品名	売上高	構成比	
3	ノート	10050	=B3/$B$7	
4	ボールペン	5078	=B4/$B$7	
5	色鉛筆	9240	=B5/$B$7	
6	消しゴム	4620	=B6/$B$7	
7	合計	=SUM(B3:B6)		
8				

数式をコピーすると、「$」が付いた参照先は[B7]のまま固定されます。

複合参照

数式「=$B4*C$1」が入力されています。

	A	B	C	D	E
1		原価率	0.77	0.88	
2					
3	商品名	売値	原価額	原価額	
4	ノート	1675	=$B4*C$1	=$B4*D$1	
5	ボールペン	498	=$B5*C$1	=$B5*D$1	
6	色鉛筆	1540	=$B6*C$1	=$B6*D$1	
7	消しゴム	385	=$B7*C$1	=$B7*D$1	
8					

数式をコピーすると、参照列と参照行だけが固定されます。

Keyword

複合参照

「複合参照」とは、相対参照と絶対参照を組み合わせた参照方式のことです。「列が相対参照、行が絶対参照」「列が絶対参照、行が相対参照」の2種類があります。

2 参照方式を切り替える

1 「=」を入力して、参照先のセル（ここではセル[A1]）をクリックします。

	A	B
1	100	=A1
2		

相対参照になっています。

Memo

参照方式の切り替え

参照方式の切り替えは、F4を使うとかんたんです。F4を押すたびに参照方式が切り替わります。

	A	B
1	100	=$A$1
2		

2 F4を押すと、参照方式が絶対参照に切り替わります。

3 続けてF4を押すと、「列が相対参照、行が絶対参照」の複合参照に切り替わります。

	A	B
1	100	=A$1
2		

4 続けてF4を押すと、「列が絶対参照、行が相対参照」の複合参照に切り替わります。

	A	B
1	100	=$A1
2		

Hint

あとから参照方式を変更するには?

入力を確定してしまったセルの位置の参照方式を変更するには、目的のセルをダブルクリックしてから、変更したいセルの位置をドラッグして選択し、F4を押します。

	A	B
1	100	=A1
2		

Section 23　第3章　数式や関数の利用

数式をコピーしてもセルの位置が変わらないようにする〜絶対参照

初期設定では相対参照が使用されているので、コピー先のセルの位置に合わせて参照先のセルが自動的に変更されます。**特定のセルを常に参照させたい**場合は、**絶対参照**を利用します。

1 数式を相対参照でコピーした場合

売値×原価率から原価額を求めます。

参照先のセル

1 原価額を求めるために、セル[B5]とセル[C2]を参照した数式（ここでは「=B5*C2」）を入力します。

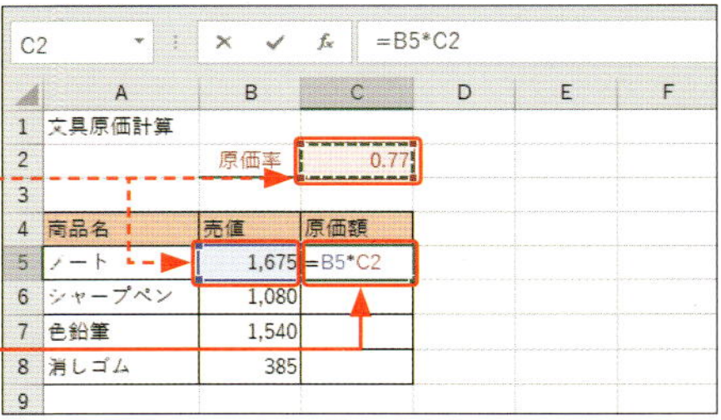

2 Enterを押して、計算結果を求め、

3 数式を入力したセルをコピーします。

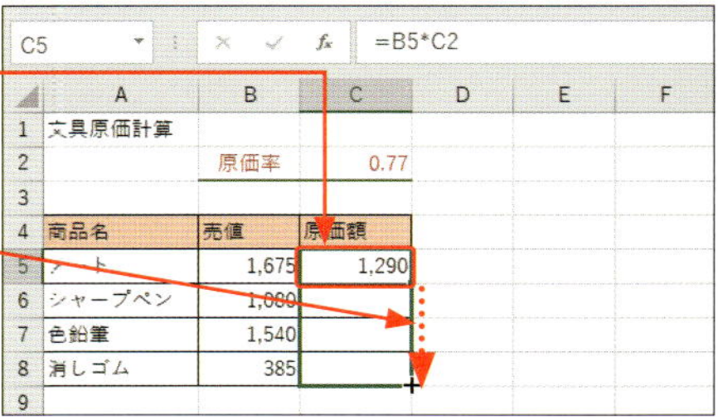

Memo

相対参照の利用

セル[C5]をセル範囲[C6:C8]にコピーすると、相対参照を使用しているために、計算結果が正しく求められません。

4 正しい計算結果が表示されません。

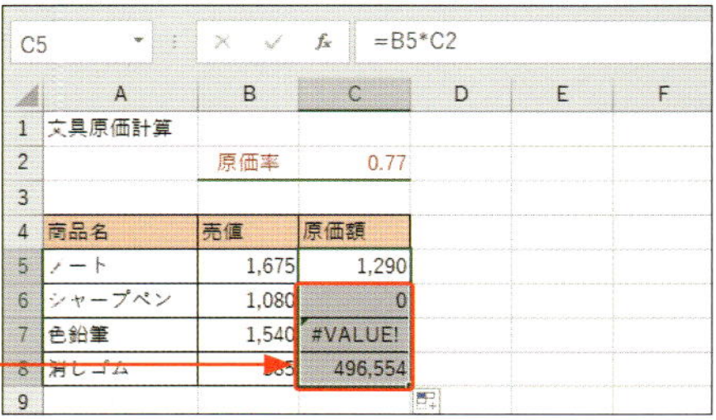

（左側縦書き）第3章　数式や関数の利用

78

2 数式を絶対参照にしてコピーする

原価率のセルを参照させるために、セル[C2]を固定します。

1. 参照を固定したいセルの位置[C2]をドラッグして選択し、

2. F4を押すと、

3. セル[C2]が[$C$2]に変わり、絶対参照になります。

4. Enterを押して、計算結果を表示します。

5. 数式を入力したセルをコピーすると、

6. 正しい計算結果が表示されます。

Memo

絶対参照の利用

参照を固定したいセル[C2]を絶対参照に変更すると、セル[C5]の数式をセル範囲[C6:C8]にコピーしても、セル[C2]へのセル参照が保持され、計算が正しく行われます。

Section 24

第3章 数式や関数の利用

数式をコピーしても行／列が変わらないようにする～複合参照

セル参照が入力されたセルをコピーするときに、**行と列のどちらか一方を絶対参照**にして、**もう一方を相対参照**にしたい場合は、複合参照を利用します。

1 複合参照でコピーする

1 「=B5」と入力して、F4を3回押すと、

2 列[B]が絶対参照、行[5]が相対参照になります。

B5セル: `=$B5`

	A	B	C	D	E
1	文具原価計算				
2		原価率	0.77	0.88	
3					
4	商品名	売値	原価額	原価額	
5	ノート	1,675	=$B5		
6	シャープペン	1,080			
7	色鉛筆	1,540			
8	消しゴム	385			

3 「*C2」と入力して、F4を2回押すと、

C2セル: `=$B5*C$2`

	A	B	C	D	E
1	文具原価計算				
2		原価率	0.77	0.88	
3					
4	商品名	売値	原価額	原価額	
5	ノート	1,675	=$B5*C$2		
6	シャープペン	1,080			
7	色鉛筆	1,540			
8	消しゴム	385			

4 列[C]が相対参照、行[2]が絶対参照になります。

Memo

複合参照の利用

列[B]に「売値」、行[2]に「原価率」を入力し、それぞれの項目が交差する位置に原価額を求める表を作成する場合、原価額を求める数式は、常に列[B]と行[2]のセルを参照する必要があります。このようなときは、列または行のいずれかの参照先を固定する複合参照を利用します。

5 Enterを押して、計算結果を求めます。

6 セル[C5]の数式を、計算するセル範囲にコピーします。

数式を表示して確認する

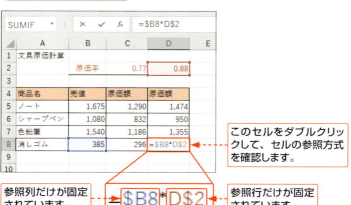

このセルをダブルクリックして、セルの参照方式を確認します。

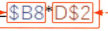

参照列だけが固定されています。

参照行だけが固定されています。

Section 25 第3章 数式や関数の利用

合計や平均を計算する

表を作成する際は、**行や列の合計を求める**作業が頻繁に行われます。この場合は**＜オートSUM＞**を利用すると、数式を入力する手間が省け、計算ミスを防ぐことができます。

1 連続したセル範囲のデータの合計を求める

1. 連続するデータの下のセルをクリックして、
2. ＜数式＞タブをクリックし、
3. ＜オートSUM＞のここをクリックします。

SUM関数

4. 計算の対象となる範囲が自動的に選択されるので、

5. 確認して Enter を押すと、
6. 連続するデータの合計が求められます。

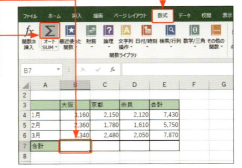

2 離れた位置にあるセルに合計を求める

1 合計を入力するセルをクリックして、

2 <数式>タブをクリックし、

3 <オートSUM>のここをクリックします。

Memo

セル範囲をドラッグして指定する

離れた位置にあるセルや、別のワークシートに合計を求める場合は、セル範囲をドラッグして指定します。

4 合計の対象とするデータのセル範囲をドラッグして、

5 Enterを押すと、

6 指定したセル範囲の合計が求められます。

Keyword

SUM関数

<オートSUM>を利用して合計を求めたセルには、引数（P.86参照）に指定された数値やセル範囲の合計を求める「SUM関数」が入力されています。<オートSUM>は、<ホーム>タブの<編集>グループから利用することもできます。
書式：＝SUM（数値1,［数値2］,…）

3 複数の列や行の合計をまとめて求める

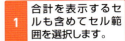

1. 合計を表示するセルも含めてセル範囲を選択します。
2. <数式>タブをクリックして、
3. <オートSUM>のここをクリックすると、

Memo

複数の行や列の合計をまとめて求める

行や列の合計を入力するセル範囲を選択して、同様に操作すると、複数の行や列の合計をまとめて求めることができます。

4. 列の合計と行の合計がまとめて求められます。

Hint

<クイック分析>の利用

連続したセル範囲の合計や平均を求める場合に、<クイック分析>を利用することができます。

1. 合計の対象とするセル範囲をドラッグして、<クイック分析>をクリックし、
2. <合計>をクリックして、
3. 目的のコマンド（ここでは<合計>）をクリックします。

4 平均を求める

1 平均を求めるセルをクリックして、

2 <数式>タブをクリックし、

3 <オートSUM>のここをクリックして、

4 <平均>をクリックします。

AVERAGE関数

5 計算対象のセル範囲をドラッグして、

6 Enterを押すと、

7 指定したセル範囲の平均が求められます。

Keyword

AVERAGE関数

「AVERAGE関数」は、引数に指定された数値やセル範囲の平均を求める関数です。
書式：＝AVERAGE（数値1, [数値2] ,…）

Section 26 第3章 数式や関数の利用

関数を入力する

関数とは、特定の計算を自動的に行うためにExcelにあらかじめ用意されている機能のことです。関数を利用すれば、面倒な計算や各種作業をかんたんに効率的に行うことができます。

■ 関数の書式　関数は、先頭に「=」(等号)を付けて関数名を入力し、後ろに引数をカッコ「( )」で囲んで指定します。引数とは、計算や処理に必要な数値やデータのことです。引数の数が複数ある場合は、引数と引数の間を「,」(カンマ)で区切ります。引数に連続する範囲を指定する場合は、開始セルと終了セルを「:」(コロン)で区切ります。関数名や記号はすべて半角で入力します。

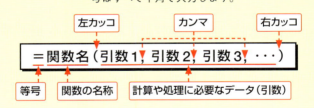

1 <関数ライブラリ>から関数を入力する

1. 関数を入力するセルをクリックして、
2. <数式>タブをクリックします。

3 <その他の関数>をクリックして、

4 <統計>にマウスポインターを合わせ、

5 <MAX>をクリックします。

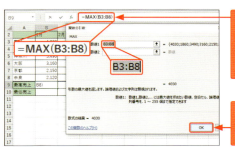

6 <関数の引数>ダイアログボックスが表示され、関数と引数が自動的に入力されます。

7 計算するセル範囲を確認して、<OK>をクリックすると、

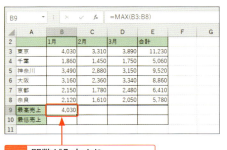

8 関数が入力され、計算結果が表示されます。

Memo

引数の指定

関数が入力されたセルの上方向または左方向のセルに数値が入力されていると、それらのセルが自動的に引数として選択されます。

Keyword

MAX関数

「MAX関数」は、引数に指定された数値やセル範囲の最大値を求める関数です。
書式：＝MAX (引数1, [引数2] ,…)

2 <関数の挿入>から関数を入力する

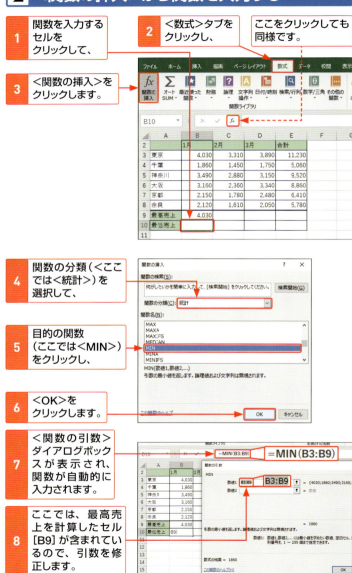

9 引数に指定するセル範囲をドラッグして選択し直します。

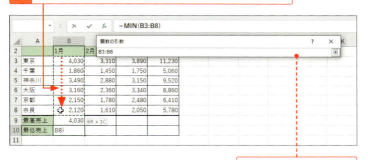

セル範囲のドラッグ中は、ダイアログボックスが折りたたまれます。

10 引数が修正されたことを確認して、

11 <OK>をクリックすると、

	A	B	C	D	E	F	G
2		1月	2月	3月	合計		
3	東京	4,030	3,310	3,890	11,230		
4	千葉	1,860	1,450	1,750	5,060		
5	神奈川	3,490	2,880	3,150	9,520		
6	大阪	3,160	2,360	3,340	8,860		
7	京都	2,150	1,780	2,480	6,410		
8	奈良	2,120	1,610	2,050	5,780		
9	最高売上	4,030					
10	最低売上	1,860					

12 関数が入力され、計算結果が表示されます。

Keyword

MIN関数

「MIN関数」は、引数に指定された数値やセル範囲の最小値を求める関数です。
書式：＝MIN（引数1, [引数2] ,…）

3 関数を直接入力する

1 関数を入力するセルをクリックし、「=」（等号）に続けて関数を1文字以上（ここでは「M」）入力すると、

MIN			×	✓	f_x	=M
▲	A	B	C	D	E	F
2		1月	2月	3月	合計	
3	東京	4,030	3,310	3,890	11,230	
4	千葉	1,860	1,450	1,750	5,060	
5	神奈川	3,490	2,880	3,150	9,520	
6	大阪	3,160	2,360	3,340	8,860	
7	京都	2,150	1,780	2,480	6,410	
8	奈良	2,120	1,610	2,050	5,780	
9	最高売上	4,030	=M			
10	最低売上	1,860				

2 「数式オートコンプリート」が表示されます。

- MATCH
- MAX
- MAXA
- MAXIFS
- MDETERM
- MDURATION
- MEDIAN
- MID

3 入力したい関数（ここでは＜MAX＞）をダブルクリックすると、

4 関数名と「(」（左カッコ）が入力されます。

MIN			×	✓	f_x	=MAX(
▲	A	B	C	D	E	F
2		1月	2月	3月	合計	
3	東京	4,030	3,310	3,890	11,230	
4	千葉	1,860	1,450	1,750	5,060	
5	神奈川	3,490	2,880	3,150	9,520	
6	大阪	3,160	2,360	3,340	8,860	
7	京都	2,150	1,780	2,480	6,410	
8	奈良	2,120	1,610	2,050	5,780	
9	最高売上	4,030	=MAX(			
10	最低売上	1,860	MAX(数値1, [数値2], ...)			

Memo

数式バーに関数を入力する

関数は、数式バーに入力することもできます。関数を入力したいセルをクリックしてから、数式バーをクリックして入力します。数式オートコンプリートも表示されます。

			×	✓	f_x	=MAX(C3:C8
▲	A	B	C	D	E	F
2		1月	2月	3月	合計	
3	東京	4,030	3,310	3,890	11,230	
4	千葉	1,860	1,450	1,750	5,060	
5	神奈川	3,490	2,880	3,150	9,520	
6	大阪	3,160	2,360	3,340	8,860	
7	京都	2,150	1,780	2,480	6,410	
8	奈良	2,120	1,610	2,050	5,780	
9	最高売上	4,030	=MAX(C3: 6R x 1C			
10	最低売上	1,860	MAX(数値1, [数値2], ...)			

5 引数をドラッグして指定し、

第3章 数式や関数の利用

90

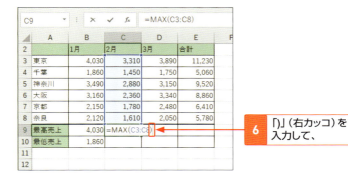

6 「)」(右カッコ)を入力して、

7 Enterを押すと、

8 関数が入力され、計算結果が表示されます。

Memo

関数の入力方法

Excelで関数を入力するには、次の3通りの方法があります。
①<数式>タブの<関数ライブラリ>グループの各コマンドを使う。
②<数式>タブや<数式>バーの<関数の挿入>コマンドを使う。
③数式バーやセルに直接関数を入力する。

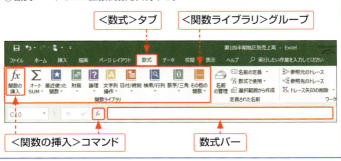

Section 27　第3章 数式や関数の利用

セルの個数を数える

セルの個数を数えるときは、目的によって使い分けます。数値が入力されたセルの個数を数えるには**COUNT関数**を、空白以外のセルの個数を数えるには**COUNTA関数**を使います。

1 数値が入力されたセルの個数を数える

1 結果を表示するセル（ここではセル[B9]）をクリックして、＜数式＞タブをクリックし、

2 ＜オートSUM＞のここをクリックして、

3 ＜数値の個数＞をクリックします。

4 計算の対象となるセル範囲をドラッグして指定し、

5 Enter を押すと、

6 数値が入力されたセルの個数が求められます。

Keyword

COUNT関数

「COUNT関数」は、数値が入力されているセルの個数を数える関数です。
書式: =COUNT (値1, [値2] ,…)

2 空白以外のセルの個数を数える

1. 結果を表示するセル（ここではセル[B10]）をクリックして、＜数式＞タブをクリックします。

2. ＜その他の関数＞をクリックして、

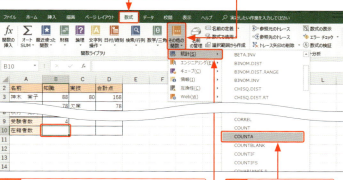

3. ＜統計＞にマウスポインターを合わせ、

4. ＜COUNTA＞をクリックします。

5. ＜値1＞にセルの個数を求めるセル範囲（ここでは[B3:B8]）を指定して、

6. ＜OK＞をクリックすると、

Keyword

COUNTA関数

「COUNTA関数」は、空白でないセルの個数を数える関数です。
書式：=COUNTA(値1, [値2],…)

7. 空白以外のセルの個数が求められます。

Section 28　第3章　数式や関数の利用

計算結果を切り上げる／切り捨てる

数値を指定した桁数で四捨五入したり、切り上げたり、切り捨てたりする処理は頻繁に行われます。**四捨五入はROUND関数を、切り上げはROUNDUP関数を、切り捨てはINT関数**を使います。

1 数値を四捨五入する

1	結果を表示するセル（ここでは[D3]）をクリックして、<数式>タブ→<数学／三角>→<ROUND>の順にクリックします。
2	<数値>にもとデータのあるセル（ここでは[C3]）を指定して、
3	<桁数>に小数点以下の桁数（ここでは「0」）を入力します。
4	<OK>をクリックすると、
5	数値が四捨五入されます。
6	ほかのセルにも数式をコピーします。

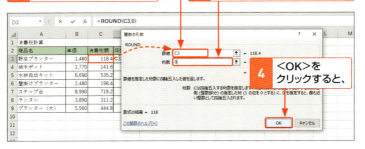

Keyword

ROUND関数

「ROUND関数」は、指定した桁数で数値を四捨五入する関数です。桁数「0」を指定すると小数点以下第1位で四捨五入されます。
書式：=ROUND(数値, 桁数)

2 数値を切り上げる

1 結果を表示するセル(ここでは[E3])をクリックして、<数式>タブ→<数学/三角>→<ROUNDUP>の順にクリックします。

2 P.94の手順 2〜6 と同様に操作すると、数値が切り上げられます。

Keyword

ROUNDUP関数

「ROUNDUP関数」は、指定した桁数で数値を切り上げる関数です。引数「0」を指定すると小数点以下第1位で切り上げられます。
書式:=ROUNDUP(数値,桁数)

3 数値を切り捨てる

1 結果を表示するセル(ここでは[F3])をクリックして、<数式>タブ→<数学/三角>→<INT>の順にクリックします。

2 <数値>にもとデータのあるセル(ここでは[C3])を指定して、

3 <OK>をクリックすると、

4 数値が切り捨てられます。

5 ほかのセルにも数式をコピーします。

Keyword

INT関数

「INT関数」は、指定した数値を超えない最大の整数を求める関数です。
書式:=INT(数値)

Section 29 第3章 数式や関数の利用

条件を満たす値を集計する

条件を満たす値を集計する場合も関数を使えばかんたんです。条件を満たすセルの値の合計を求めるには **SUMIF関数** を、条件を満たすセルの個数を求めるには **COUNTIF関数** を使います。

1 条件を満たすセルの値の合計を求める

1 結果を表示するセル（ここでは[F3]）をクリックして、<数式>タブ→<数学/三角>→<SUMIF>の順にクリックします。

2 <範囲>に検索対象となるセル範囲（ここでは[B3:B8]）を指定して、

3 <検索条件>に条件を入力したセル（ここでは[E3]）を指定します。

4 <合計範囲>に計算の対象となるセル範囲（ここでは[C3:C8]）を指定して、

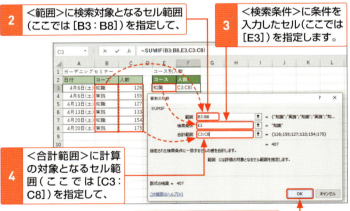

5 <OK>をクリックすると、

Keyword

SUMIF関数

「SUMIF関数」は、引数に指定したセル範囲から、検索条件に一致するセルの値の合計値を求める関数です。
書式：＝SUMIF（範囲,検索条件,[合計範囲]）

6 条件を満たす値の合計が求められます。

2 条件を満たすセルの個数を求める

1 結果を表示するセル（ここでは[F3]）をクリックして、＜数式＞タブ→＜その他の関数＞→＜統計＞→＜COUNTIF＞の順にクリックします。

2 ＜範囲＞にセルの個数を求めるセル範囲（ここでは[D3：D9]）を指定して、

3 ＜検索条件＞に条件（ここでは165点以上を意味する「>=165」）を入力します（下のKeyword参照）。

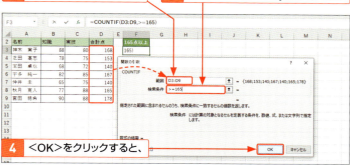

4 ＜OK＞をクリックすると、

5 条件を満たすセルの個数が求められます。

Keyword

COUNTIF関数

「COUNTIF関数」は、引数に指定した範囲から条件を満たすセルの個数を求める関数です。
書式： =COUNTIF(範囲,検索条件)

Keyword

比較演算子

「比較演算子」とは、2つの値を比較するための記号のことで、右のようなものがあります。

記号	意 味	記号	意 味
=	左辺と右辺が等しい	>=	左辺が右辺以上である
>	左辺が右辺よりも大きい	<=	左辺が右辺以下である
<	左辺が右辺よりも小さい	<>	左辺と右辺が等しくない

第3章 数式や関数の利用

StepUp

数式のエラーを解決する

セルに入力した数式や関数の計算結果が正しく得られない場合は、セル上にエラーインジケーターとエラー値が表示されます。エラー値は原因によって異なるので、表示されたエラー値を手がかりにエラーを解決します。

エラーのあるセルには、エラーインジケーターが表示されます。

D7		× ✓ ƒx	=A7*C7	
	A	B	C	D
1	売上表			
2	商品名	価格	数量	金額
3	壁掛けプランター	2,480	12	#VALUE!
4	野菜プランター	1,450	24	#VALUE!
5	飾り棚	2,880	8	#VALUE!
6	植木ポット	1,770	10	#VALUE!
7	水耕栽培キット	6,690	8	#VALUE!
8				

＜エラーチェックオプション＞を利用すると、エラーに応じた修正を行うことができます。

数式のエラーがあるセルには、エラー値が表示されます。

エラー値	原因と解決方法
#VALUE!	数式の参照先や関数の引数の型、演算子の種類などが間違っている場合に表示されます。間違っている参照先や引数を修正します。
#####	セルの幅が狭くて計算結果を表示できない場合や、時間の計算が負になった場合などに表示されます。セルの幅を広げたり、数式を修正します。
#NAME?	関数名やセル範囲の指定などが間違っている場合に表示されます。関数名やセル範囲を正しいものに修正します。
#DIV/0!	割り算の除数（割るほうの数）の値が「0」または未入力で空白の場合に表示されます。セルの値や参照先を修正します。
#N/A	VLOOKUP関数、LOOKUP関数、HLOOKUP関数、MATCH関数などの関数で、検索した値が検索範囲内に存在しない場合に表示されます。検索値を修正します。
#NULL!	指定したセル範囲に共通部分がない場合や参照するセル範囲が間違っている場合に表示されます。参照しているセル範囲を修正します。
#NUM!	引数として指定できる数値の範囲がExcelで処理できる数値の範囲を超えている場合に表示されます。処理できる数値の範囲に収まるように修正します。
#REF!	数式中で参照しているセルが、行や列の削除などで削除された場合に表示されます。参照先を修正します。

第3章 数式や関数の利用

98

第4章

文字とセルの書式

30	文字のスタイルを変更する
31	文字サイズやフォントを変更する
32	文字の配置を変更する
33	文字の表示形式を変更する
34	列の幅や行の高さを調整する
35	値や数式のみを貼り付ける
36	条件に基づいて書式を設定する

Section 30 第4章 文字とセルの書式

文字のスタイルを変更する

文字には太字や斜体を設定したり、下線を付けたりと、さまざまな書式を設定することができます。適宜設定すると、特定の文字を目立たせたり、表にメリハリを付けたりすることができます。

1 文字を太字にする

1. 文字を太字にするセルをクリックします。
2. <ホーム>タブをクリックして、
3. <太字>をクリックすると、

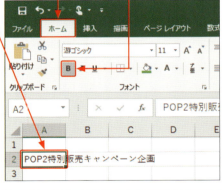

Hint
太字を解除するには?

太字の設定を解除するには、セルをクリックして、<太字>を再度クリックします。

4. 文字が太字になります。

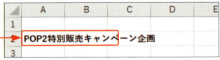

StepUp
文字の一部分に書式を設定するには?

セルを編集できる状態にして、文字の一部分を選択してから太字や斜体などを設定すると、選択した部分の文字だけに書式を設定することができます。

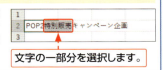

文字の一部分を選択します。

2 文字を斜体にする

1 文字を斜体にする セル範囲を選択します。

2 <ホーム>タブを クリックして、

3 <斜体>を クリックすると、

Hint
斜体を解除するには?

斜体の設定を解除するには、セルをクリックして、<斜体>を再度クリックします。

4 文字が斜体になります。

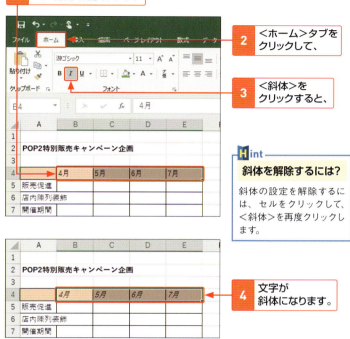

StepUp
取り消し線を引く

<セルの書式設定>ダイアログボックスの<フォント>を表示して(P.103参照)、<文字飾り>の<取り消し線>をクリックしてオンにすると、文字に取り消し線を引くことができます。

第4章 文字とセルの書式

101

3 文字に下線を付ける

1 文字に下線を付けるセルをクリックします。
2 <ホーム>タブをクリックして、
3 <下線>をクリックすると、

4 文字に下線が付きます。

StepUp

文字色と異なる色で下線を引くには？

上記の手順で引いた下線は、文字色と同色になります。違う色で下線を引きたい場合は、文字の下に直線を描画して、線の色を設定するとよいでしょう。直線の描画と編集については、Sec.51、Sec52を参照してください。

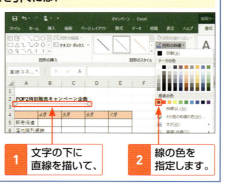

1 文字の下に直線を描いて、
2 線の色を指定します。

4 上付き／下付き文字にする

1 上付き（あるいは下付き）にする文字を選択して、

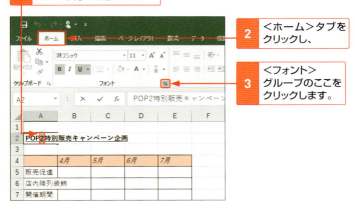

2 <ホーム>タブをクリックし、

3 <フォント>グループのここをクリックします。

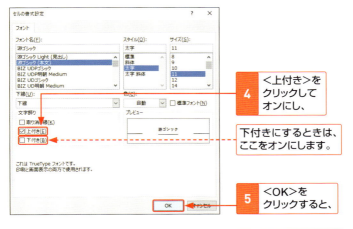

4 <上付き>をクリックしてオンにし、

下付きにするときは、ここをオンにします。

5 <OK>をクリックすると、

6 文字が上付きに設定されます。

Section 31　第4章　文字とセルの書式

文字サイズやフォントを変更する

セルに入力されている文字の**文字サイズ**や**フォント**は、**任意に変更する**ことができます。表の見出しなどの文字サイズやフォントを変更すると、その部分を目立たせることができます。

1 文字サイズを変更する

1. 文字サイズを変更するセルをクリックします。

2. <ホーム>タブをクリックして、

3. <フォントサイズ>のここをクリックし、

4. 文字サイズにマウスポインターを合わせると、文字サイズが一時的に適用されて表示されます。

5. 文字サイズをクリックすると、文字サイズの適用が確定されます。

Memo
初期設定の文字サイズ

Excelの既定の文字サイズは、「11ポイント」です。

104

2 フォントを変更する

1 フォントを変更するセルをクリックします。

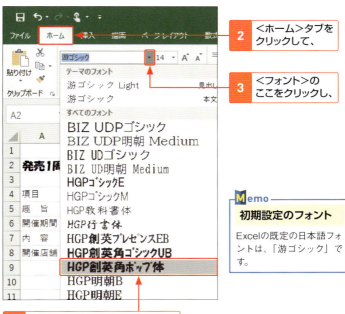

2 <ホーム>タブをクリックして、

3 <フォント>のここをクリックし、

4 フォントにマウスポインターを合わせると、フォントが一時的に適用されて表示されます。

Memo

初期設定のフォント

Excelの既定の日本語フォントは、「游ゴシック」です。

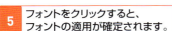

5 フォントをクリックすると、フォントの適用が確定されます。

StepUp

文字の一部を変更するには?

セルを編集できる状態にして、文字の一部分を選択すると、選択した部分のフォントや文字サイズだけを変更できます。。

第4章 文字とセルの書式

Section 32

第4章 文字とセルの書式

文字の配置を変更する

セル内の文字の配置は任意に変更することができます。セル内に文字が入りきらない場合は、文字を折り返したり、セル幅に合わせて縮小したりできます。また、文字を縦書きにすることもできます。

1 文字をセルの中央に揃える

StepUp

文字の左右上下の配置

<ホーム>タブの<配置>グループの各コマンドを利用すると、セル内の文字を左揃えや中央揃え、右揃えに設定したり、上揃えや上下中央揃え、下揃えに設定することができます。

1. 文字配置を変更するセル範囲を選択します。
2. <ホーム>タブをクリックして、
3. <中央揃え>をクリックすると、

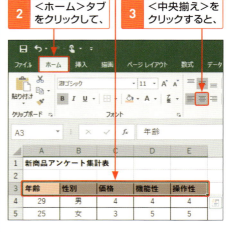

4. 文字が中央揃えになります。

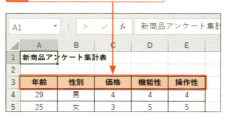

2 セルに合わせて文字を折り返す

1 セル内に文字が収まっていないセルをクリックします。

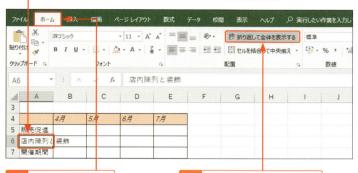

2 <ホーム>タブをクリックして、

3 <折り返して全体を表示する>をクリックすると、

4 文字が折り返され、文字全体が表示されます。

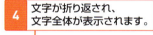

行の高さは、折り返した文字に合わせて自動的に調整されます。

Hint

折り返した文字をもとに戻すには？

折り返した文字をもとに戻すには、セルをクリックして、<折り返して全体を表示する>を再度クリックします。

StepUp

指定した位置で折り返すには？

指定した位置で文字を折り返したい場合は、セル内をダブルクリックして、折り返したい位置にカーソルを移動し、Alt+Enterを押します。

改行したい位置でAlt+Enterを押します。

3 文字の大きさをセルの幅に合わせる

1 文字の大きさを調整するセルをクリックして、

2 <ホーム>タブをクリックし、

3 <配置>グループのここをクリックします。

Memo

縮小して全体を表示

手順**4**、**5**の方法で操作すると、セル内に収まらない文字が自動的に縮小して表示されます。セル幅を広げると、文字の大きさはもとに戻ります。

4 <縮小して全体を表示する>をクリックしてオンにし、

5 <OK>をクリックすると、

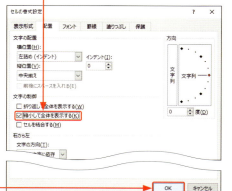

6 文字がセルの幅に合わせて、自動的に縮小されます。

第4章 文字とセルの書式

4 文字を縦書きにする

1 文字を縦書きにするセル範囲を選択して、

2 ＜ホーム＞タブをクリックします。

3 ＜方向＞をクリックして、

4 ＜縦書き＞をクリックすると、

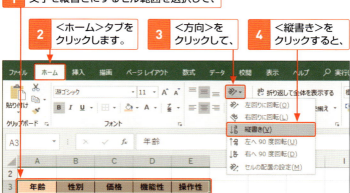

5 文字が縦書き表示になります。

Hint

文字を回転する

手順 4 で＜左回りに回転＞または＜右回りに回転＞をクリックすると、それぞれの方向に45度単位の回転ができます。

StepUp

インデントを設定する

「インデント」とは、文字とセルの枠線との間隔を広くする機能のことです。セル範囲を選択して、＜ホーム＞タブの＜インデントを増やす＞をクリックすると、クリックするごとに、セル内のデータが1文字分ずつ右へ移動します。インデントを解除するには、＜インデントを減らす＞をクリックします。

インデントを減らす

インデントを増やす

Section 33 第4章 文字とセルの書式

文字の表示形式を変更する

表示形式は、データを目的に合った形式で表示するための機能です。この機能を利用して、数値を**通貨**スタイルや**パーセンテージ**スタイル、**桁区切り**スタイルなどで表示することができます。

■表示形式と表示結果

Excelでは、セルに対して「表示形式」を設定することで、実際にセルに入力したデータを、さまざまな見た目で表示させることができます。表示形式には、下図のようなものがあります。

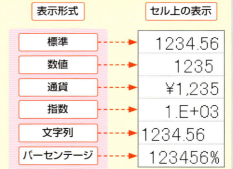

入力データ	表示形式	セル上の表示
1234.56	標準	1234.56
	数値	1235
	通貨	¥1,235
	指数	1.E+03
	文字列	1234.56
	パーセンテージ	123456%

表示形式を設定するには、<ホーム>タブの<数値>グループの各コマンドを利用します。また、<セルの書式設定>ダイアログボックスの<表示形式>を利用すると、さらに詳細な設定が行えます。

1 数値に「¥」を付けて表示する

1. セル範囲を選択します。
2. <ホーム>タブをクリックして、
3. <通貨表示形式>をクリックすると、

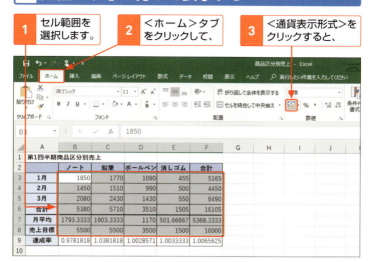

4. 数値が通貨スタイルに変更されます。

小数点以下の数値は四捨五入されて表示されます。

Hint

別の通貨記号を使うには?

「¥」以外の通貨記号を使いたい場合は、<通貨表示形式>の▼をクリックして、通貨記号を指定します。メニュー最下段の<その他の通貨表示形式>をクリックすると、そのほかの通貨記号が選択できます。

2 数値をパーセンテージで表示する

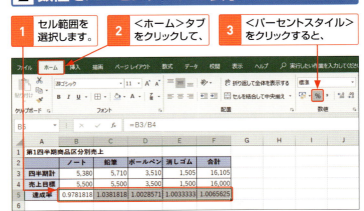

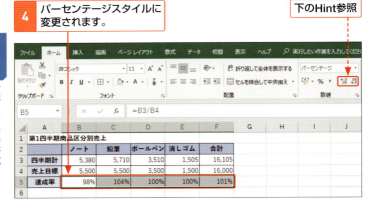

Hint

小数点以下の表示桁数

数値をパーセンテージスタイルに変更すると、小数点以下の桁数が「0」(ゼロ)のパーセンテージスタイルになります。小数点以下の表示桁数を増やす場合は、<ホーム>タブの<数値>グループにある<小数点以下の表示桁数を増やす>を、減らす場合は<小数点以下の表示桁数を減らす>をクリックします。

3 数値を3桁区切りで表示する

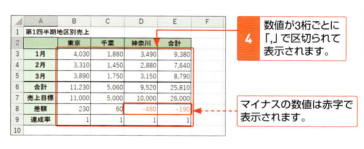

第4章 文字とセルの書式

Hint

表示形式を標準に戻すには?

表示形式を変更したセルを標準スタイルに戻したいときは、<数値>グループの<数値の書式>から<標準>を指定します。

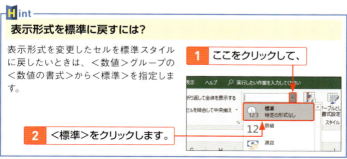

113

Section 34 第4章 文字とセルの書式

列の幅や行の高さを調整する

数値や文字がセルに収まりきらない場合や、表の体裁を整えたい場合は、**列の幅や行の高さを変更**します。**セルのデータに合わせて列の幅を調整**することもできます。

1 ドラッグして列の幅を変更する

1 幅を変更する列番号の境界にマウスポインターを合わせ、形が✛に変わった状態で、

2 ドラッグすると、

ドラッグ中に列の幅が数値で表示されます。

幅: 12.75 (107 ピクセル)

Memo

行の高さの変更

行番号の境界にマウスポインターを合わせて、形が✛に変わった状態でドラッグすると、行の高さを変更できます。

3 列の幅が変更されます。

2 セルのデータに列の幅を合わせる

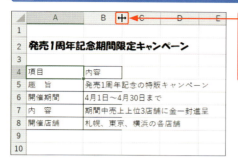

1 列番号の境界にマウスポインターを合わせ、形が✛に変わった状態でダブルクリックすると、

2 セルのデータに合わせて、列の幅が変更されます。

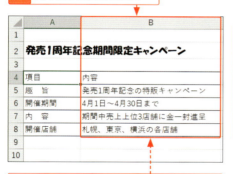

対象となる列内のセルで、もっとも長い文字に合わせて列の幅が自動的に調整されます。

Hint
複数の行や列を同時に変更するには?

複数の行または列を選択した状態で境界をドラッグすると、複数の行の高さや列の幅を同時に変更できます。

Hint
列の幅や行の高さの表示単位

変更中の列の幅や行の高さは、マウスポインターの右上に数値で表示されます。列の幅はセル内に表示できる半角文字の「文字数」で(P.114の手順2の図参照)、行の高さは「ポイント数」で表されます。カッコの中にはピクセル数が表示されます。

Section 35 第4章 文字とセルの書式

値や数式のみを貼り付ける

データや表をコピーして、<貼り付け>のメニューを利用すると、計算結果の値だけを貼り付けたり、もとの列幅を保持して貼り付けるといったことがかんたんにできます。

1 値のみを貼り付ける

1 コピーするセル範囲を選択して、

コピーするセルには、数式が入力されています。

	A	B	C	D	E
1	第1四半期地区別売上				
2		1月	2月	3月	合計
3	大阪	3,160	2,360	3,340	8,860
4	京都	2,150	1,780	2,480	6,410
5	奈良	2,120	1,610	2,050	5,780
6	合計	7,430	5,750	7,870	21,050

E3 = SUM(B3:D3)

2 <ホーム>タブをクリックし、

3 <コピー>をクリックします。

Memo
ほかのシートへの値の貼り付け

セル参照を利用している数式の結果を別のシートに貼り付けると、セル参照が貼り付け先のシートのセルに変更されて、正しい計算が行えません。このような場合は、値だけを貼り付けます。

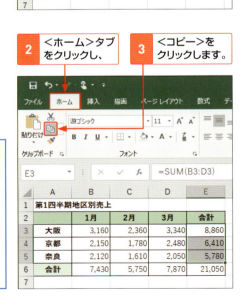

4 別シートの貼り付け先のセルをクリックします。

5 <ホーム>タブの<貼り付け>のここをクリックして、

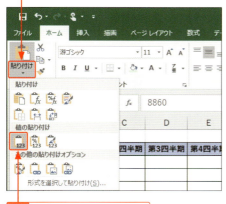

6 <値>をクリックすると、

7 計算結果の値だけが貼り付けられます。

右のHint参照

Hint

<貼り付けのオプション>の利用

貼り付けたあとに表示される<貼り付けのオプション> (Ctrl) をクリックすると、貼り付けたあとで結果を手直しするためのメニューが表示されます。メニューの内容については、P.119を参照してください。

第4章 文字とセルの書式

2 もとの列幅を保ったまま貼り付ける

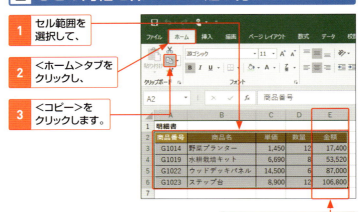

貼り付けもとと貼り付け先で列の幅が異なっています。

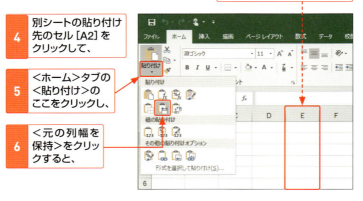

<貼り付け>で利用できる機能

<貼り付け>の下半分をクリックして表示されるメニューや、データを貼り付けたあとに表示される<貼り付けのオプション>のメニューには、以下の機能が用意されています。

グループ	アイコン	項目	概要
貼り付け		貼り付け	セルのデータすべてを貼り付けます。
		数式	セルの数式だけを貼り付けます。
		数式と数値の書式	セルの数式と数値の書式を貼り付けます。
		元の書式を保持	もとの書式を保持して貼り付けます。
		罫線なし	罫線を除く、書式や値を貼り付けます。
		元の列幅を保持	もとの列幅を保持して貼り付けます。
		行列を入れ替える	行と列を入れ替えてすべてのデータを貼り付けます。
値の貼り付け		値	セルの値だけを貼り付けます。
		値と数値の書式	セルの値と数値の書式を貼り付けます。
		値と元の書式	セルの値ともとの書式を貼り付けます。
その他の貼り付けオプション		書式設定	セルの書式のみを貼り付けます。
		リンク貼り付け	もとのデータを参照して貼り付けます。
		図	もとのデータを図として貼り付けます。
		リンクされた図	もとのデータをリンクされた図として貼り付けます。

第4章 文字とセルの書式

Section 36　第4章 文字とセルの書式

条件に基づいて書式を設定する

条件付き書式を利用すると、条件に一致するセルに書式を設定して目立たせることができます。また、データを相対評価して、カラーバーやアイコンでセルの値を視覚的に表現することもできます。

1 特定の値より大きい数値に色を付ける

1 セル範囲[B3:D5]を選択して、

2 <ホーム>タブをクリックします。

Keyword

条件付き書式

「条件付き書式」とは、指定した条件に基づいてセルを強調表示したり、データを相対的に評価して視覚化する機能のことです。

	A	B	C	D	E
1	第1四半期地区別売上				
2		東京	千葉	神奈川	合計
3	1月	4,030	1,860	3,490	9,380
4	2月	3,310	1,450	2,880	7,640
5	3月	3,890	1,750	3,150	8,790
6	合計	11,230	5,060	9,520	25,810

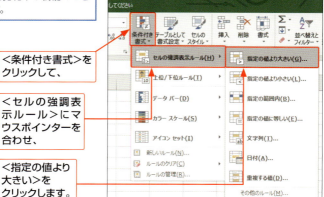

3 <条件付き書式>をクリックして、

4 <セルの強調表示ルール>にマウスポインターを合わせ、

5 <指定の値より大きい>をクリックします。

6 条件（ここでは数値の「3500」）を入力して、

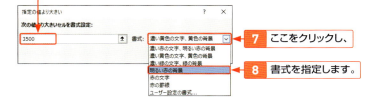

7 ここをクリックし、

8 書式を指定します。

9 <OK>をクリックすると、

10 指定した値より大きい数値のセルに書式が設定されます。

Hint

<クイック分析>を利用する

条件付き書式は、<クイック分析>を使って設定することもできます。目的のセル範囲を選択して、右下に表示される<クイック分析>をクリックし、<書式設定>から目的のコマンドをクリックします。

1 セル範囲[B3:D5]を選択して、

2 <クイック分析>をクリックし、

3 <書式設定>から目的のコマンドをクリックします。

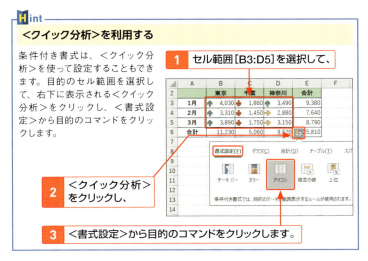

第4章 文字とセルの書式

2 数値の大小に応じて色を付ける

セルにデータバーを表示します。

1 セル範囲 [D3:D8] を選択して、

2 <ホーム>タブをクリックします。

Keyword
データバー

「データバー」とは、値の大小に応じてセルにグラデーションや単色でカラーバーを表示する機能のことです。

3 <条件付き書式>をクリックして、

4 <データバー>にマウスポインターを合わせ、

5 目的のデータバーをクリックすると、

Hint
条件付き書式を解除するには?

書式を解除したいセルを選択して、<条件付き書式>→<ルールのクリア>→<選択したセルからルールをクリア>の順にクリックします。

6 値の大小に応じたカラーバーが表示されます。

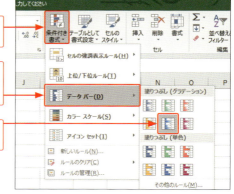

第5章

セル・シート・
ブックの操作

37	セルを挿入／削除する
38	セルを結合する
39	行や列を挿入／削除する
40	見出しの行を固定する
41	ワークシートを追加／削除する
42	ワークシートを移動／コピーする
43	ウィンドウを分割／整列する
44	データを並べ替える
45	条件に合ったデータを取り出す

Section 37　第5章　セル・シート・ブックの操作

セルを挿入／削除する

行単位や列単位だけでなく、セル単位でも挿入や削除を行うことができます。セル単位で挿入や削除を行う場合は、挿入や削除後のセルの移動方向を指定する必要があります。

1 セルを挿入する

1. セルを挿入したい範囲を選択します。
2. <ホーム>タブの<挿入>のここをクリックして、
3. <セルの挿入>をクリックします。

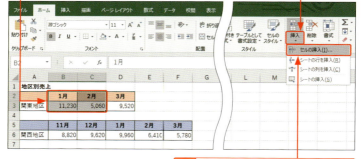

4. 挿入後のセルの移動方向をクリックしてオンにし、
5. <OK>をクリックすると、
6. 選択した場所にセルが挿入されて、
7. 選択していたセル以降が右方向に移動します。

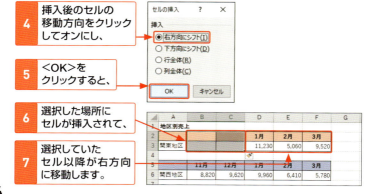

2 セルを削除する

1 削除したいセル範囲を選択します。

2 <ホーム>タブの<削除>のここをクリックして、

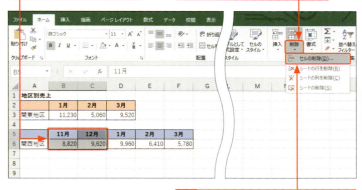

3 <セルの削除>をクリックします。

4 削除後のセルの移動方向をクリックしてオンにし、

5 <OK>をクリックすると、

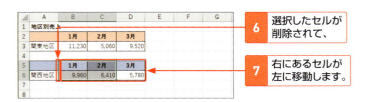

6 選択したセルが削除されて、

7 右にあるセルが左に移動します。

Hint

挿入したセルの書式を設定する

挿入したセルの上のセル（または左のセル）に書式が設定されていると、<挿入オプション>が表示されます。これを利用すると、挿入したセルの書式を変更することができます。

Section 38 第5章 セル・シート・ブックの操作

セルを結合する

隣り合う複数のセルは、結合して1つのセルとして扱うことができます。結合したセル内の文字の配置は、通常のセルと同じように任意に設定することができます。

1 セルを結合して文字を中央に揃える

1. 隣接する複数のセルを選択します。
2. <ホーム>タブをクリックして、
3. <セルを結合して中央揃え>をクリックすると、

4. セルが結合され、文字が自動的に中央揃えになります。

Memo

結合するセルにデータがある場合には?

結合するセルの選択範囲に複数のデータが存在する場合は、左上端のセルのデータのみが保持されます。

2 文字配置を維持したままセルを結合する

1 隣接する複数のセルを選択します。

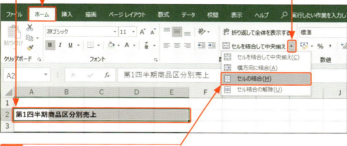

2 <ホーム>タブをクリックして、

3 <セルを結合して中央揃え>のここをクリックし、

4 <セルの結合>をクリックすると、

5 文字の配置を維持したまま、セルが結合されます。

Hint
セル結合の解除

セルの結合を解除するには、目的のセルを選択して、<セルを結合して中央揃え>を再度クリックします。

StepUp

セルを横方向に結合する

結合したいセル範囲を選択して、上記の手順**4**で<横方向に結合>をクリックすると、同じ行のセルどうしを一気に結合することができます。

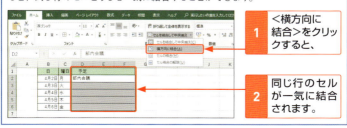

1 <横方向に結合>をクリックすると、

2 同じ行のセルが一気に結合されます。

Section 39　第5章 セル・シート・ブックの操作

行や列を挿入／削除する

表を作成したあとで項目を追加する必要が生じた場合は、**行や列を挿入**してデータを追加します。また、不要な項目がある場合は、**行単位や列単位で削除**することができます。

1 行や列を挿入する

行を挿入する

1 行番号をクリックして、行を選択します。

2 <ホーム>タブをクリックして、

3 <挿入>のここをクリックし、

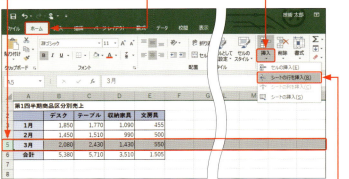

4 <シートの行を挿入>をクリックすると、

5 選択した行の上に行が挿入されます。

Memo

列の挿入

列を挿入する場合は、列番号をクリックして列を選択し、手順 **4** で<シートの列を挿入>をクリックします。

P.129のStepUp参照

128

2 行や列を削除する

列を削除する

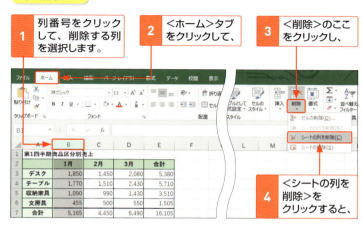

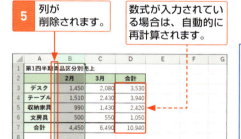

Memo

行の削除

行を削除する場合は、行番号をクリックして行を選択し、手順4で<シートの行を削除>をクリックします。

StepUp

挿入した行や列の書式を設定できる

挿入した周囲のセルに書式が設定されていた場合、挿入した行や列には、上の行（または左の列）の書式が適用されます。書式を変更したい場合は、行や列を挿入した際に表示される<挿入オプション>をクリックして設定します。

行を挿入した場合　**列を挿入した場合**

挿入した行や列の書式を変更できます。

Section 40 第5章 セル・シート・ブックの操作

見出しの行を固定する

大きな表の場合、スクロールすると見出しが見えなくなり、データが何を表すのかわからなくなることがあります。見出しの行や列を固定すると、常に表示させておくことができます。

1 見出しの行を固定する

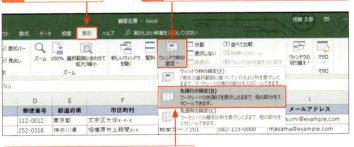

この見出しの行を固定します。

1 <表示>タブをクリックします。

2 <ウィンドウ枠の固定>をクリックして、

3 <先頭行の固定>をクリックすると、

4 先頭の見出しの行が固定されて、境界線が表示されます。

境界線より下のウィンドウ枠内がスクロールします。

2 行と列を同時に固定する

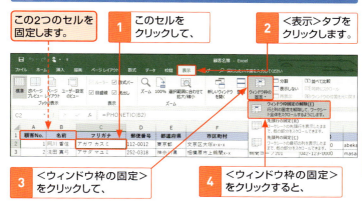

7 このペアの矢印だけが連動してスクロールします。

Hint

見出し行の固定を解除するには？

見出し行の固定を解除するには、<表示>タブの<ウィンドウ枠の固定>をクリックして、<ウィンドウ枠固定の解除>をクリックします。

131

Section 41 　第5章　セル・シート・ブックの操作

ワークシートを追加／削除する

新規に作成したブックには1枚のワークシートが表示されています。ワークシートは、必要に応じて追加したり、不要になった場合は削除したりすることができます。

第5章　セル・シート・ブックの操作

1 ワークシートを追加する

1. <新しいシート>をクリックすると、

2. 新しいワークシートがシートの後ろに追加されます。

2 ワークシートを切り替える

1. 切り替えたいワークシートのシート見出し（ここでは「Sheet1」）をクリックすると、

2. ワークシートが「Sheet1」に切り替わります。

132

3 ワークシートを削除する

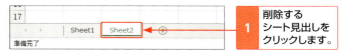

1 削除するシート見出しをクリックします。

2 <ホーム>タブの<削除>のここをクリックして、

3 <シートの削除>をクリックすると、

4 選択していたシートが削除されます。

4 ワークシート名を変更する

1 シート見出しをダブルクリックすると、

Hint

ワークシート名で使えない文字

ワークシート名には半角・全角の「¥」「*」「?」「:」「'」「/」「[]」は使用できません。また、ワークシート名を空白（何も文字を入力しない状態）にすることはできません。

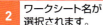

2 ワークシート名が選択されます。

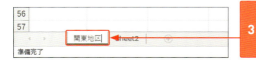

3 ワークシート名を入力して Enter を押すと、ワークシート名が変更されます。

Section 42　第5章 セル・シート・ブックの操作

ワークシートを移動／コピーする

複数のワークシートに同じような表を作成する場合は、コピーして編集すると効率的です。ワークシートは、**同じブック内や別のブックに移動やコピー**することがかんたんにできます。

1 ワークシートを移動／コピーする

ワークシートを移動する

1. シート見出しをドラッグすると、
2. 移動先に▼マークが表示されます。
3. マウスから指を離すと、その位置にシートが移動します。

ワークシートをコピーする

1. Ctrlを押しながらシート見出しをドラッグすると、
2. コピー先に▼マークが表示されます。
3. マウスから指を離すと、その位置にシートがコピーされます。

2 ブック間でワークシートを移動／コピーする

移動（コピー）もとと、移動（コピー）先のブックを開いておきます。

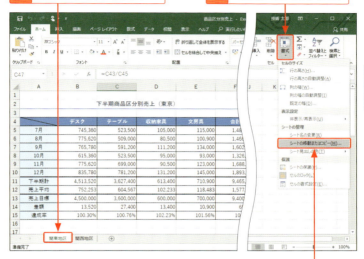

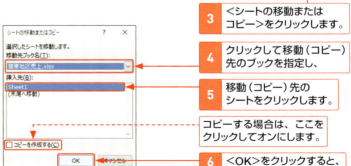

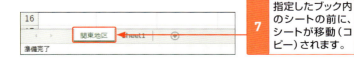

Section 43　第5章 セル・シート・ブックの操作

ウィンドウを分割／整列する

ウィンドウを上下や左右に**分割**して2つの領域に分けて表示させると、ワークシート内の離れた部分を同時に見ることができて便利です。1つのブックを複数の**ウィンドウで表示**させることもできます。

1 ウィンドウを上下に分割する

1. 分割したい位置の下の行番号をクリックします。
2. <表示>タブをクリックして、
3. <分割>をクリックすると、
4. ウィンドウが指定した位置で上下に分割され、分割バーが表示されます。

Hint

ウィンドウの分割を解除するには？

分割を解除するには、選択されている<分割>を再度クリックするか、分割バーをダブルクリックします。

2 1つのブックを左右に並べて表示する

1. <表示>タブをクリックして、
2. <新しいウィンドウを開く>をクリックすると、

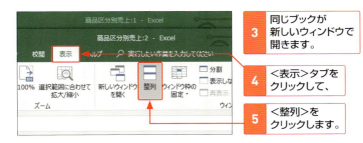

3. 同じブックが新しいウィンドウで開きます。
4. <表示>タブをクリックして、
5. <整列>をクリックします。

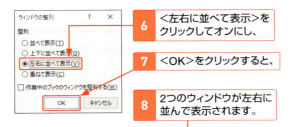

6. <左右に並べて表示>をクリックしてオンにし、
7. <OK>をクリックすると、
8. 2つのウィンドウが左右に並んで表示されます。

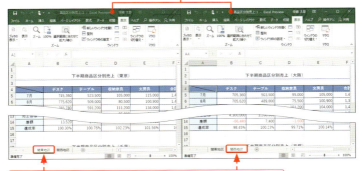

ウィンドウごとに異なるシートを表示させることもできます。

Section 44　第5章　セル・シート・ブックの操作

データを並べ替える

データベース形式の表では、**データを昇順や降順で並べ替え**たり、**五十音順で並べ替え**たりすることができます。並べ替えを行う際は、基準となるフィールド（列）を指定します。

■データベース形式の表とは？

「データベース形式の表」とは、列ごとに同じ種類のデータが入力され、先頭行に列の見出しとなる列ラベル（列見出し）が入力されている一覧表のことです。

- 列ラベル（列見出し）
- レコード（1件分のデータ）
- フィールド（1列分のデータ）

1 データを昇順や降順で並べ替える

Memo

データを並べ替えるには？

データベース形式の表を並べ替えるには、基準となるフィールドのセルをあらかじめ選択しておく必要があります。

1 並べ替えの基準となるフィールドの任意のセルをクリックします。

138

2 <データ>タブをクリックして、

3 <昇順>をクリックすると、

降順に並べ替えるには、<降順>をクリックします。

4 指定したセルを含むフィールドを基準にして、表全体が昇順に並べ替えられます。

第5章 セル・シート・ブックの操作

Hint

昇順と降順の並べ替えのルール

昇順では、0～9、A～Z、日本語の順で、降順では逆の順番で並べ替えられます。

Hint

データが正しく並べ替えられない!

データベース形式の表内のセルが結合されていたり、空白の行や列があったりする場合は、表全体のデータを並べ替えることはできません。並べ替えを行う際は、表内にこのような行や列、セルがないかどうかを確認しておきます。
また、ほかのアプリで作成したファイルのデータをコピーした場合は、ふりがな情報が保存されていないため、正しく並べ替えができないことがあります。

139

Section 45　第5章　セル・シート・ブックの操作

条件に合ったデータを取り出す

データの数が多い表では、目的のデータを探すのに手間がかかります。このような場合は、オートフィルターを利用すると、条件に合ったデータをかんたんに取り出すことができます。

第5章 セル・シート・ブックの操作

1 フィルターを利用してデータを抽出する

Keyword

オートフィルター

「オートフィルター」とは、フィールドの項目を基準として、指定した条件に合ったデータだけを抽出して表示する機能のことです。

Hint

オートフィルターを解除するには?

オートフィルターを解除するには、再度<フィルター>をクリックします。

1. 表内のセルをクリックします。
2. <データ>タブをクリックして、
3. <フィルター>をクリックすると、
4. すべての列ラベルにフィルターボタンが表示され、オートフィルターが利用できるようになります。

140

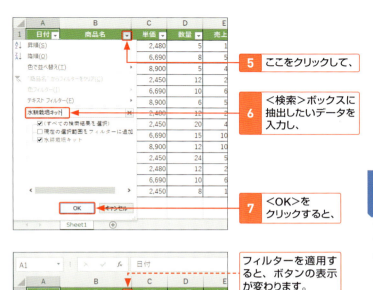

5 ここをクリックして、

6 <検索>ボックスに抽出したいデータを入力し、

7 <OK>をクリックすると、

フィルターを適用すると、ボタンの表示が変わります。

8 条件に合ったデータだけが抽出されます。

Hint

フィルターの条件をクリアするには？

データを抽出したあとに、オートフィルターを設定したまま、すべてのデータを表示するには、をクリックして、<"商品名"からフィルターをクリア>をクリックします。

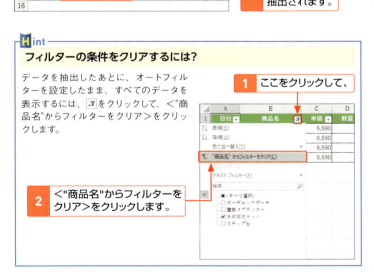

1 ここをクリックして、

2 <"商品名"からフィルターをクリア>をクリックします。

2 複数の条件を指定してデータを抽出する

「単価」が2,000以上4,000以下のデータを抽出します。

1. 「単価」のここをクリックして、
2. <数値フィルター>にマウスポインターを合わせ、
3. <指定の範囲内>をクリックします。

4. ここに「2000」と入力して、
5. <AND>をクリックしてオンにします。
6. ここに「4000」と入力して、
7. <OK>をクリックすると、

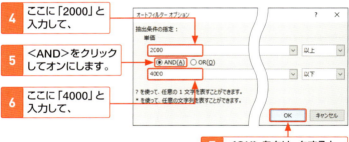

StepUp

2つの条件を指定する

手順5で<OR>をオンにすると、「8,000以上または3,000以下」などの条件でデータを抽出できます。ANDは「かつ」、ORは「または」と読み替えるとわかりやすいでしょう。

8. 「単価」が「2,000以上かつ4,000以下」のデータが抽出されます。

	A	B	C	D	E	F
1	日付	商品名	単価	数量	売上高	
2	1月10日	壁掛けプランター	2,480	5	12,400	
5	1月13日	ガーデニングポーチ	2,450	12	29,400	
8	1月16日	壁掛けプランター	2,480	12	29,760	
9	1月17日	ガーデニングポーチ	2,450	20	49,000	
12	1月20日	ガーデニングポーチ	2,450	24	58,800	
13	1月21日	壁掛けプランター	2,480	12	29,760	
15	1月23日	ガーデニングポーチ	2,450	8	19,600	

第6章

グラフの利用

46	グラフを作成する
47	グラフの位置やサイズを変更する
48	軸ラベルを表示する
49	グラフのレイアウトやデザインを変更する
50	グラフの種類を変更する

Section 46　第6章　グラフの利用

グラフを作成する

グラフは、グラフのもとになるセル範囲を選択して、**＜おすすめグラフ＞**か、**グラフの種類に対応したコマンド**をクリックして、目的のグラフを選択するだけで、かんたんに作成できます。

1 ＜おすすめグラフ＞を利用する

1	グラフのもとになるセル範囲を選択して、
2	＜挿入＞タブをクリックし、
3	＜おすすめグラフ＞をクリックします。

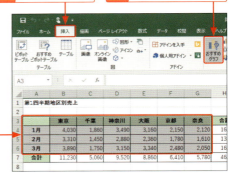

| 4 | 利用しているデータに適したグラフの候補が表示されるので、 |

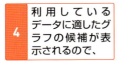

| 5 | 作成したいグラフをクリックして、 |

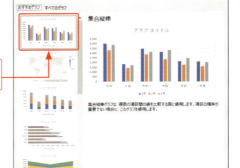

| 6 | ＜OK＞をクリックすると、 |

7 グラフが作成されます。

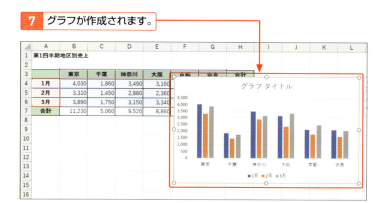

8 ここをクリックして
タイトルを入力し、

9 タイトル以外をクリックすると、
タイトルが表示されます。

第6章 グラフの利用

Memo

グラフの種類に対応したコマンドを使う

グラフは、＜挿入＞タブの＜グラフ＞グループに用意されているコマンドを使って作成することもできます。グラフのもとになるセル範囲を選択して、グラフの種類に対応したコマンドをクリックし、目的のグラフを選択します。

これらのコマンドを使ってもグラフを作成することができます。

145

Section 47 第6章 グラフの利用

グラフの位置やサイズを変更する

グラフは、グラフのもとデータがあるワークシートに表示されますが、**ほかのシートやグラフだけのシートに移動**することができます。グラフ全体やグラフ要素の**サイズを変更**することもできます。

1 グラフを移動する

1 グラフエリア（P.151のMemo参照）の何もないところをクリックしてグラフを選択し、

2 移動する場所までドラッグすると、

3 グラフが移動します。

Memo

グラフ要素を移動する

グラフ要素（P.151のMemo参照）も移動することができます。グラフ要素をクリックして、周囲に表示される枠線上にマウスポインターを合わせてドラッグします。

2 グラフのサイズを変更する

1 サイズを変更したいグラフをクリックします。

2 サイズ変更ハンドルにマウスポインターを合わせて、

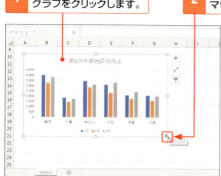

> **Memo**
> **グラフ要素のサイズを変更する**
>
> グラフタイトルや凡例など、グラフ要素のサイズを変更することもできます。グラフ要素をクリックし、サイズ変更ハンドルをドラッグします。

3 変更したい大きさになるまでドラッグすると、

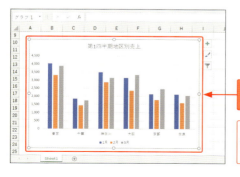

4 グラフのサイズが変更されます。

文字サイズや凡例などの表示サイズはもとのサイズのままです。

3 グラフをほかのシートに移動する

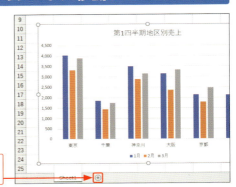

1 <新しいシート>をクリックして、

2 新しいシートを作成しておきます。

Memo

ほかのシートに移動する場合

グラフをほかのシートに移動する場合は、移動先のシートをあらかじめ作成しておく必要があります。

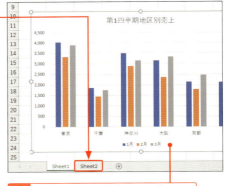

3 ほかのシートに移動したいグラフのグラフエリアをクリックして、

4 <デザイン>タブをクリックし、

5 <グラフの移動>をクリックします。

6 <オブジェクト>を クリックしてオンにし、

下のStepUp参照

7 ここをクリックして、 移動先を指定します。

8 <OK>を クリックすると、

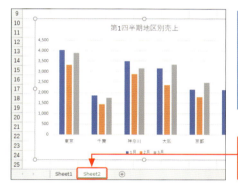

Memo

もとデータの変更はグラフに反映される

グラフのもとになったデータが変更されると、グラフの内容も自動的に変更されます。

9 指定したシートにグラフが移動します。

StepUp

グラフシートの作成

<グラフの移動>ダイアログボックスでグラフの移動先に<新しいシート>を指定すると、指定した名前の新しいシートが作成され、グラフが移動します。この方法で作成したシートは、グラフだけが表示されるグラフシートです。

第6章 グラフの利用

149

Section 48 第6章 グラフの利用

軸ラベルを表示する

作成した直後のグラフには、グラフタイトルと凡例だけが表示されていますが、**必要に応じてほかの要素を追加**することができます。ここでは、**縦軸ラベルを追加**します。

1 縦軸ラベルを表示する

Keyword

軸ラベル

「軸ラベル」とは、グラフの横方向と縦方向の軸に付ける名前のことです。

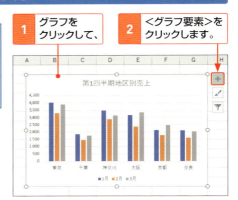

1 グラフをクリックして、

2 <グラフ要素>をクリックします。

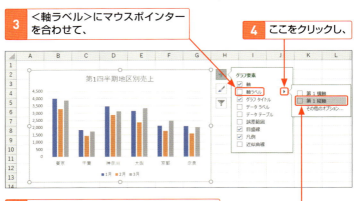

3 <軸ラベル>にマウスポインターを合わせて、

4 ここをクリックし、

5 <第1縦軸>をクリックしてオンにすると、

6 グラフエリアの左側に「軸ラベル」と表示されます。

Hint

横軸ラベルを表示するには？

横軸ラベルを表示する場合は、手順**5**で＜第1横軸＞をクリックしてオンにします。

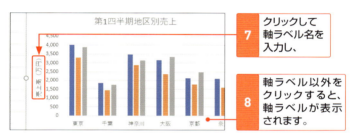

7 クリックして軸ラベル名を入力し、

8 軸ラベル以外をクリックすると、軸ラベルが表示されます。

第6章 グラフの利用

Memo

グラフの構成要素

グラフを構成する部品のことを「グラフ要素」といいます。それぞれのグラフ要素は、グラフのもとになったデータと関連しています。ここで、各グラフ要素の名称を確認しておきましょう。

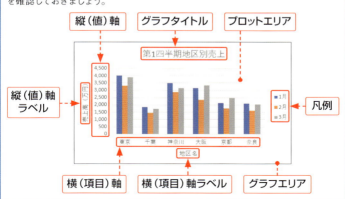

151

Section 49 第6章 グラフの利用

グラフのレイアウトや
デザインを変更する

グラフのレイアウトやデザインは、あらかじめ用意されている<クイックレイアウト>や<グラフスタイル>から好みの設定を選ぶだけで、かんたんに変更することができます。

1 グラフのレイアウトを変更する

1 グラフをクリックして、
2 <デザイン>タブをクリックします。
3 <クイックレイアウト>をクリックして、
4 使用したいレイアウト(ここでは<レイアウト9>)をクリックすると、

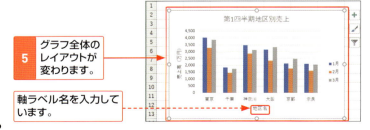

5 グラフ全体のレイアウトが変わります。

軸ラベル名を入力しています。

2 グラフのスタイルを変更する

1 グラフをクリックして、
2 <デザイン>タブをクリックし、
3 <グラフスタイル>の<その他>をクリックします。

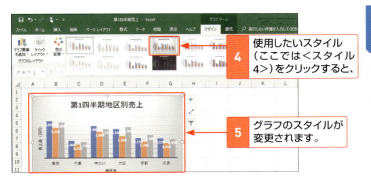

4 使用したいスタイル（ここでは<スタイル4>）をクリックすると、
5 グラフのスタイルが変更されます。

第6章 グラフの利用

StepUp

グラフの色を変更する

グラフ全体の色味を変更することもできます。グラフをクリックして、<デザイン>タブの<色の変更>をクリックし、使用したい色をクリックします。

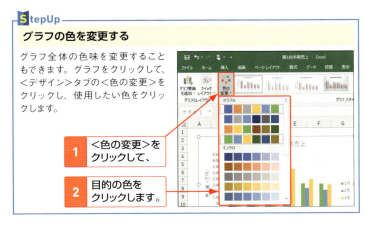

1 <色の変更>をクリックして、
2 目的の色をクリックします。

153

Section 50 第6章 グラフの利用

グラフの種類を変更する

グラフの種類は、グラフを作成したあとでも、変更することができます。グラフの種類を変更しても、変更前のグラフに設定したレイアウトやスタイルはそのまま引き継がれます。

1 グラフ全体の種類を変更する

1 グラフをクリックして、

2 <デザイン>タブをクリックし、

3 <グラフの種類の変更>をクリックすると、

4 <グラフの種類の変更>ダイアログボックスの<すべてのグラフ>が表示されます。

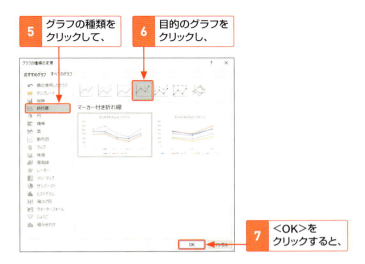

5 グラフの種類をクリックして、

6 目的のグラフをクリックし、

7 <OK>をクリックすると、

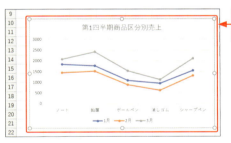

8 グラフの種類が変更されます。

Memo

グラフのスタイル

グラフの種類を変更すると、<グラフスタイル>に表示されるスタイル一覧も、グラフの種類に合わせたものに変更されます。グラフの種類を変更したあとで、好みに応じてスタイルを変更するとよいでしょう。

Excel 2019で追加されたグラフ

Excelには、棒グラフや折れ線グラフ、円グラフ、面グラフ、レーダーチャートなど、機能や見た目の異なる17種類のグラフが用意されています。 Excel 2019では、新たに「マップグラフ」と「じょうごグラフ」が追加されました。

マップグラフ

「マップグラフ」は、国や都道府県別の値や分類項目を地図上に表示できるグラフです。

じょうごグラフ

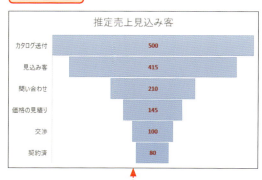

「じょうごグラフ」は、データセット内の複数の段階で値が表示されるグラフです。一般的に値が段階的に減少し「じょうご」に似た形になります。

第7章

図形・画像の利用

51 線や図形を描く
52 図形を編集する
53 3Dモデルを挿入する
54 写真を挿入する
55 テキストボックスを挿入する

Section 51 第7章 図形・画像の利用

線や図形を描く

ワークシート上には、**線、四角形、基本図形、フローチャート**など、さまざまな図形を描くことができます。**図形は一覧できるので**、描きたい図形をかんたんに選ぶことができます。

1 直線を描く

1 <挿入>タブをクリックして、

2 <図形>をクリックし、

3 <線>をクリックします。

Memo
画面のサイズが小さい場合

画面のサイズが小さい場合は、<挿入>タブの<図>から<図形>をクリックして、<線>をクリックします。

4 始点にマウスポインターを合わせて、

5 目的の長さまでドラッグすると、

6 直線が描かれます。

Hint
水平線や垂直線を引くには？

直線を引くときに、[Shift]を押しながらドラッグすると、垂直線や水平線を描くことができます。

2 曲線を描く

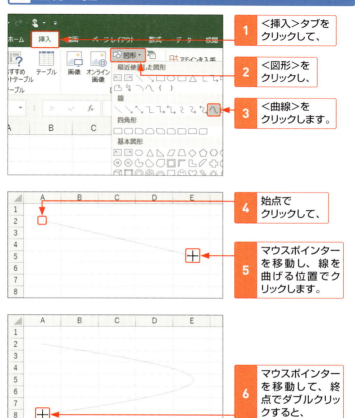

1 <挿入>タブをクリックして、
2 <図形>をクリックし、
3 <曲線>をクリックします。
4 始点でクリックして、
5 マウスポインターを移動し、線を曲げる位置でクリックします。
6 マウスポインターを移動して、終点でダブルクリックすると、
7 曲線が描かれます。

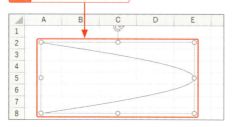

Hint

図形を削除するには？

図形を削除する場合は、図形をクリックして選択し、Delete を押します。

3 図形を描く

1 <挿入>タブをクリックして、

2 <図形>をクリックし、

3 描きたい図形をクリックします（ここでは<矢印:ストライプ>）。

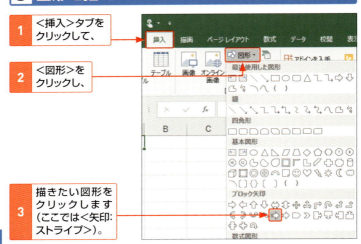

4 始点にマウスポインターを合わせて、

5 目的の大きさまでドラッグすると、

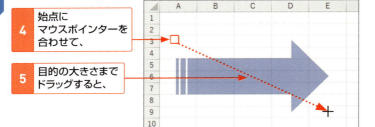

6 図形が描かれます。

Hint
正円や正方形を描くには？

正円や正方形を描く場合は、<楕円>○や<正方形／長方形>□をクリックし、Shiftを押しながらドラッグします。

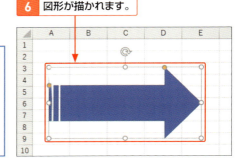

第7章 図形・画像の利用

160

4 図形の中に文字を入力する

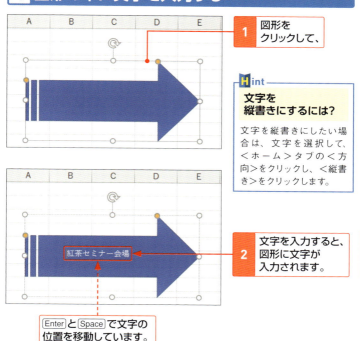

1. 図形をクリックして、

Hint

文字を縦書きにするには?

文字を縦書きにしたい場合は、文字を選択して、＜ホーム＞タブの＜方向＞をクリックし、＜縦書き＞をクリックします。

2. 文字を入力すると、図形に文字が入力されます。

Enter と Space で文字の位置を移動しています。

S tepUp

同じ図形を続けて描くには?

同じ図形を続けて描く場合は、描きたい図形を右クリックし、＜描画モードのロック＞をクリックして描きます。描き終わったら、もう一度図形のコマンドをクリックするか Esc を押すと、描画モードが解除されます。

1. 図形を右クリックして、

2. ＜描画モードのロック＞をクリックします。

第7章 図形・画像の利用

Section 52 第7章 図形・画像の利用

図形を編集する

描画した図形は、**移動やコピー**をしたり、**サイズを変更**したりすることができます。また、**図形の色を変更**したり、書式があらかじめ設定されている**スタイルを適用**したりすることもできます。

1 図形のコピーやサイズ変更を行う

図形をコピーする

1 図形をクリックします。

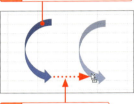

2 Ctrlを押しながらドラッグすると、

3 図形がコピーされます。

図形のサイズを変更する

1 図形をクリックします。

2 ハンドルにマウスポインターを合わせてドラッグすると、

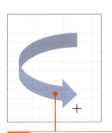

3 図形のサイズが変わります。

Memo

図形の移動や回転を行うには？

図形を移動するには、図形をクリックして、移動先にドラッグします。図形を回転するには、図形をクリックし、回転ハンドルをドラッグします。

2 図形の色を変更する

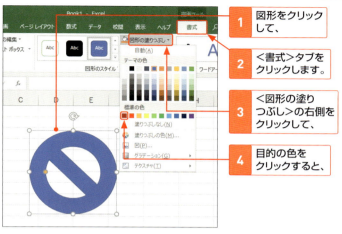

1 図形をクリックして、
2 <書式>タブをクリックします。
3 <図形の塗りつぶし>の右側をクリックして、
4 目的の色をクリックすると、

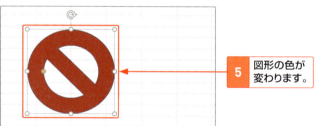

5 図形の色が変わります。

StepUp

図形にスタイルを適用する

色や枠線などの書式があらかじめ設定されたスタイルを図形に適用することもできます。図形をクリックして、<書式>タブの<図形のスタイル>の<その他>をクリックし、適用したいスタイルをクリックします。

Section 53　第7章　図形・画像の利用

3Dモデルを挿入する

Excel 2019では、**3Dモデル**をワークシートに挿入することができます。**オンラインソース**を利用すると、Web上の共有サイトから3Dモデルをダウンロードして利用できます。

1 オンラインソースから3Dモデルを挿入する

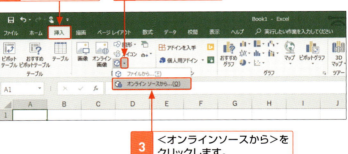

1. <挿入>タブをクリックして、
2. <3Dモデル>のここをクリックし、
3. <オンラインソースから>をクリックします。
4. キーワードを入力して検索するか、いずれかのカテゴリをクリックします。

Memo

オンライン3Dモデル

手順4のダイアログボックスに表示されている3Dモデルは、「Remix 3D」というWebサイトで公開されているデータです。利用する場合は著作権に注意しましょう。

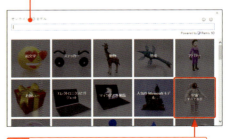

5. ここでは、<宇宙>をクリックします。

6 クリックしたカテゴリ内の3Dモデルが表示されるので、挿入したい3Dモデルをクリックして、

7 <挿入>をクリックすると、

8 3Dモデルが挿入されます。

9 サイズ変更ハンドルをドラッグすると、画像が拡大／縮小されます。

10 3Dコントロールをドラッグすると、

11 画像を任意に回転したり傾けたりすることができます。

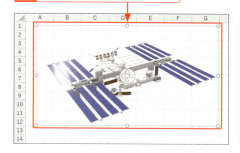

第7章 図形・画像の利用

Memo

3Dモデルの外観を変更する

3Dモデルをクリックすると表示される<書式設定>タブの<3Dモデルビュー>を利用しても、3Dモデルをさまざまな角度で表示させることができます。

165

Section **54** 第7章 図形・画像の利用

写真を挿入する

文字や表だけの文書に写真を入れると、見栄えが違ってきます。挿入した写真は、図形と同様に**移動やサイズ変更**を行えるほか、**スタイルを設定**したり、**効果**を付けたりすることができます。

1 写真を挿入する

1 写真を挿入するセルをクリックして、<挿入>タブをクリックし、

2 <画像>をクリックします。

3 写真が保存してあるフォルダーを指定して、

4 目的の写真をクリックし、

5 <挿入>をクリックすると、

6 クリックしていたセルを基点に写真が挿入されます。

7 サイズと位置を必要に応じて調整します。

2 写真にスタイルを設定する

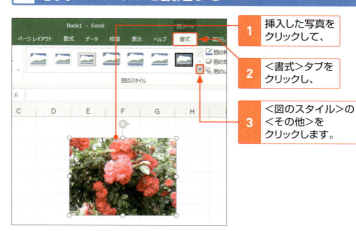

1 挿入した写真をクリックして、

2 ＜書式＞タブをクリックし、

3 ＜図のスタイル＞の＜その他＞をクリックします。

4 設定したいスタイル（ここでは＜楕円、ぼかし＞）をクリックすると、

StepUp
写真に効果を付ける

＜書式＞タブの＜アート効果＞をクリックすると、写真にさまざまなアート効果を付けることもできます。

5 選択したスタイルが写真に設定されます。

Memo
写真の編集

挿入した写真は、図形と同様に移動やサイズの変更などを行うことができます（P.162参照）。

6 サイズと位置を必要に応じて調整します。

第7章 図形・画像の利用

167

Section 55　第7章　図形・画像の利用

テキストボックスを挿入する

テキストボックスを利用すると、セルの位置やサイズに影響されることなく、自由に文字を配置することができます。入力した文字は、通常のセル内の文字と同様に編集することができます。

1 テキストボックスを作成する

1 <挿入>タブをクリックして、

2 <テキスト>をクリックし、

3 <テキストボックス>のここをクリックして、

4 <横書きテキストボックスの描画>をクリックします。

5 テキストボックスを挿入したい位置で対角線上にドラッグすると、

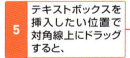

6 横書きのテキストボックスが作成されるので、

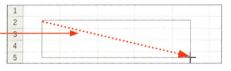

Memo
画面のサイズが大きい場合

画面のサイズが大きい場合は、<挿入>タブの<テキストボックス>から<縦書きテキストボックスの描画>をクリックします。

7 文字を入力します。

2 文字の配置を変更する

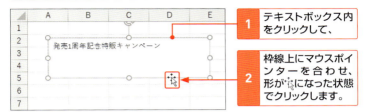

1 テキストボックス内をクリックして、

2 枠線上にマウスポインターを合わせ、形が になった状態でクリックします。

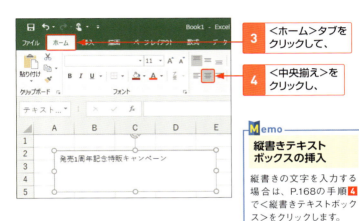

3 <ホーム>タブをクリックして、

4 <中央揃え>をクリックし、

Memo
縦書きテキストボックスの挿入

縦書きの文字を入力する場合は、P.168の手順4で<縦書きテキストボックス>をクリックします。

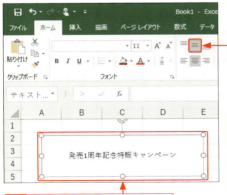

5 <上下中央揃え>をクリックすると、

6 文字がテキストボックスの上下左右中央に配置されます。

Memo
テキストボックスの編集

テキストボックスは、図形と同様の方法で移動したり、サイズやスタイルを変更したりすることができます(P.162参照)。

3 フォントの種類やサイズを変更する

1 P.169の手順 1、2 の方法でテキストボックスを選択します。

2 ＜ホーム＞タブの＜フォント＞のここをクリックして、

3 使用するフォントをクリックします。

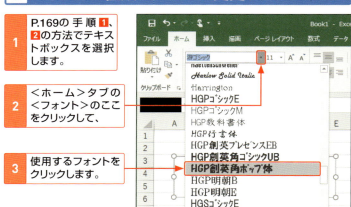

4 ＜ホーム＞タブの＜フォントサイズ＞のここをクリックして、

5 フォントサイズをクリックします。

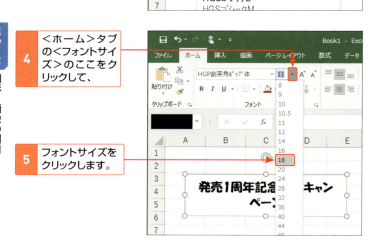

6 フォントとフォントサイズが変更されます。

文字がはみ出る場合は、ハンドルをドラッグして、テキストボックスのサイズを広げます。

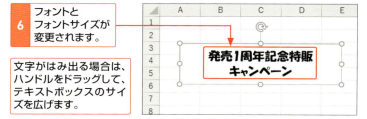

第**8**章

印刷の操作

56	ワークシートを印刷する
57	改ページ位置を変更する
58	印刷イメージを見ながらページを調整する
59	ヘッダーとフッターを挿入する
60	グラフのみを印刷する
61	指定した範囲だけを印刷する
62	2ページ目以降に見出しを付けて印刷する

Section 56 第8章 印刷の操作

ワークシートを印刷する

作成したワークシートを印刷する際は、**印刷プレビュー**で印刷結果のイメージを確認します。印刷結果を確認しながら、**用紙サイズや余白などの設定**を行い、設定が完了したら**印刷**を行います。

1 印刷プレビューを表示する

Hint

複数ページのイメージを確認するには?

ワークシートが複数ページにまたがる場合は、印刷プレビューの左下にある<次のページ>▶、<前のページ>◀をクリックして確認します。

1 <ファイル>タブをクリックして、

2 <印刷>をクリックすると、

3 <印刷>画面が表示され、右側に印刷プレビューが表示されます。

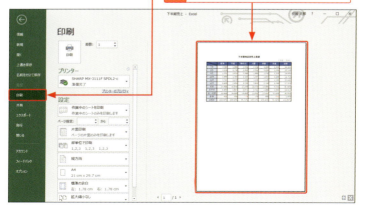

第8章 印刷の操作

172

2 印刷の向き・用紙サイズ・余白の設定を行う

1 <印刷>画面を表示します（前ページ参照）。

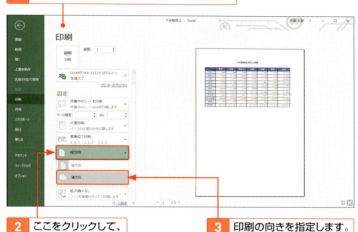

2 ここをクリックして、

3 印刷の向きを指定します。

4 ここをクリックして、

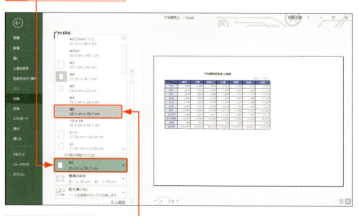

5 使用する用紙サイズを指定します。

6 ここをクリックして、　　　　　　　　7 余白を指定します。

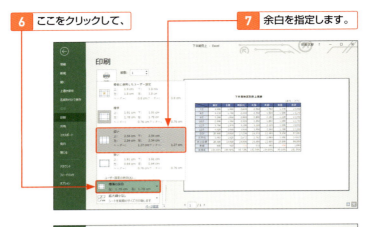

8 設定した内容が印刷プレビューに反映されるので確認します。

3 印刷を実行する

1 プリンターを確認して、

2 印刷部数を指定し、

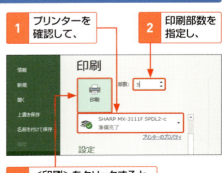

3 <印刷>をクリックすると、印刷が実行されます。

StepUp

プリンターの設定を変更する

プリンターの設定を変更する場合は、<プリンターのプロパティ>をクリックして、プリンターのプロパティ画面を表示します。

Hint

データを1ページに収めて印刷するには?

行や列が次のページに少しだけはみ出しているような場合は、右の操作を行うことで、1ページに収めて印刷することができます。

1 ここをクリックして、

2 ＜シートを1ページに印刷＞をクリックします。

StepUp

拡大／縮小印刷や印刷位置を設定する

＜印刷＞画面の下にある＜ページ設定＞をクリックすると表示される＜ページ設定＞ダイアログボックスの＜ページ＞を利用すると、表の拡大／縮小率を指定して印刷することができます。また、＜余白＞では、表を用紙の左右中央や天地中央に印刷されるように設定できます。

拡大／縮小率の設定

1 ＜拡大／縮小＞をクリックしてオンにし、

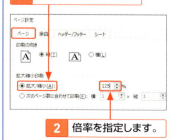

2 倍率を指定します。

印刷位置の設定

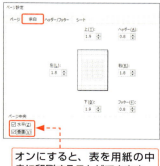

オンにすると、表を用紙の中央に印刷することができます。

第8章 印刷の操作

Section 57　第8章　印刷の操作

改ページ位置を変更する

サイズの大きい表を印刷すると、自動的にページが分割されますが、区切りのよい位置で分割されるとは限りません。このようなときは、**改ページプレビュー**を利用して、**改ページ位置を変更**します。

1 改ページプレビューを表示する

1 <表示>タブをクリックして、

2 <改ページプレビュー>をクリックします。

3 改ページプレビューに切り替わり、印刷される領域が青い太枠で囲まれ、

Memo

改ページプレビュー

改ページプレビューでは、改ページ位置やページ番号がワークシート上に表示されるので、どのページに何が印刷されるかを正確に把握することができます。

4 改ページ位置に破線が表示されます。

2 改ページ位置を移動する

1 改ページ位置を示す青い破線にマウスポインターを合わせて、

2 改ページしたい位置までドラッグすると、

3 変更した改ページ位置が、青い太線で表示されます。

Hint

画面を標準ビューに戻すには?

改ページプレビューから標準の画面表示(標準ビュー)に戻すには、<表示>タブの<標準>をクリックします。

Section 58　第8章　印刷の操作

印刷イメージを見ながらページを調整する

ページレイアウトビューを利用すると、レイアウトを確認しながら、**はみ出している部分をページに収めたり、拡大や縮小印刷の設定**を行ったりすることができます。

1 ページレイアウトビューを表示する

1. <表示>タブをクリックして、
2. <ページレイアウト>をクリックすると、
3. ページレイアウトビューに切り替わります。
4. 全体が見づらい場合は、ここをドラッグして表示倍率を変更します。

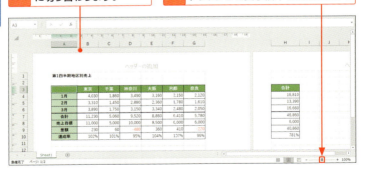

Hint
ページ中央への配置

ページレイアウトビューで作業をするときは、<ページ設定>ダイアログボックスの<余白>で表を用紙の左右中央に設定しておくと、調整しやすくなります(P.175のStepUp参照)。

2 印刷範囲を調整する

列がはみ出しているのを1ページに収めます。

1 <ページレイアウト>タブをクリックします。

2 <横>のここをクリックして、

3 <1ページ>をクリックすると、

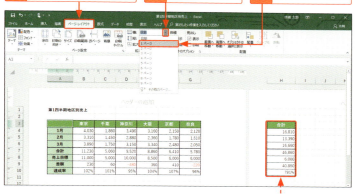

この部分があふれています。

4 表の横幅が1ページに収まります。

Hint

行がはみ出している場合は?

行がはみ出している場合は、<縦>を<1ページ>に設定します。また、<拡大／縮小>で拡大／縮小率を設定することもできます。

<縦>を<1ページ>に設定します。

拡大／縮小率を設定することもできます。

第8章 印刷の操作

179

Section 59 第8章 印刷の操作

ヘッダーとフッターを挿入する

複数の**ページの同じ位置**にファイル名やページ番号などの**情報を印刷**したいときは、**ヘッダーやフッターを挿入**します。現在の日時やシート名、図なども挿入することができます。

■ ヘッダーと
　フッターとは

シートの上部余白に印刷される情報のことを「ヘッダー」、下部余白に印刷される情報のことを「フッター」といいます。

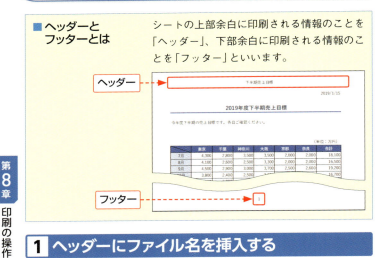

1 ヘッダーにファイル名を挿入する

1 <挿入>タブをクリックして、

2 <テキスト>をクリックし、

3 <ヘッダーとフッター>をクリックします。

4 ページレイアウトビューに切り替わり、ヘッダー領域の中央にカーソルが表示されます。

5 <デザイン>タブの<ファイル名>をクリックすると、

6 「&[ファイル名]」と挿入されます。

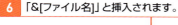

Hint

挿入位置を変更するには?

ヘッダーやフッターの位置を変えたいときは、左側あるいは右側の入力欄をクリックします。

7 フッター領域以外の部分をクリックすると、ファイル名が表示されます。

8 <表示>タブをクリックして、

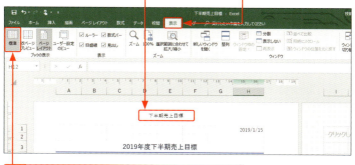

9 <標準>をクリックし、標準ビューに戻ります。

2 フッターにページ番号を挿入する

1 ページレイアウトビューに切り替えます（P.180参照）。

2 ＜デザイン＞タブの＜フッターに移動＞をクリックすると、

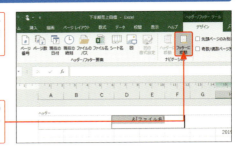

3 フッター領域の中央にカーソルが表示されます。

4 ＜ページ番号＞をクリックすると、

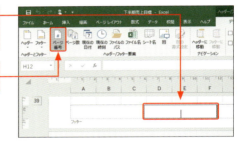

5 「&[ページ番号]」と挿入されます。

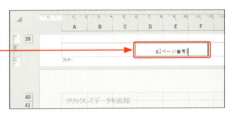

6 フッター領域以外の部分をクリックすると、ページ番号が表示されます。

Hint
先頭ページに番号を付けたくない場合は?

先頭ページに番号を付けたくない場合は、＜デザイン＞タブの＜先頭ページのみ別指定＞をオンにします。

Memo

ヘッダーとフッターに設定できる項目

ヘッダーとフッターは、<デザイン>タブにある9種類のコマンドを使って設定することができます。それぞれのコマンドの機能は下図のとおりです。これ以外に、任意の文字や数値を直接入力することもできます。

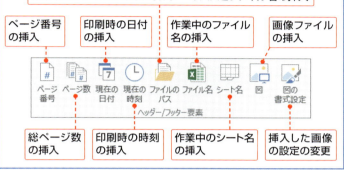

StepUp

<ページ設定>ダイアログボックスを利用する

ヘッダーとフッターは、<ページ設定>ダイアログボックスの<ヘッダー/フッター>を利用しても設定することができます。<ページ設定>ダイアログボックスは、<ページレイアウト>タブの<ページ設定>グループにある矢印をクリックすると表示されます。

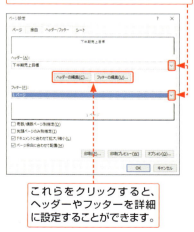

Section 60　第8章　印刷の操作

グラフのみを印刷する

表のデータをもとに作成したグラフを印刷すると、通常は、表とグラフがいっしょに印刷されます。グラフだけを印刷したい場合は、**グラフをクリックして選択してから、印刷を実行**します。

1 グラフだけを印刷する

表のデータをもとに作成したグラフを印刷すると、通常は表とグラフがいっしょに印刷されます。

1 グラフエリアの何もないところをクリックしてグラフを選択し、

2 <ファイル>タブをクリックして、

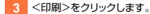

StepUp

グラフを白黒で印刷する

グラフをモノクロで印刷すると、色の違いがわかりづらくなる場合があります。このような場合は、<印刷>画面の<ページ設定>をクリックして、<ページ設定>ダイアログボックスを表示し、<グラフ>の<白黒印刷>をオンにして印刷を行うと、見分けが付きやすくなります。

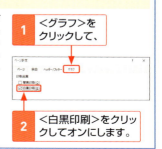

第8章 印刷の操作

185

Section 61 第8章 印刷の操作

指定した範囲だけを印刷する

大きな表の中の一部だけを印刷したい場合は、指定したセル範囲だけを印刷することができます。また、いつも同じ部分を印刷する場合は、セル範囲を印刷範囲として設定しておくと便利です。

1 選択したセル範囲だけを印刷する

1. 印刷したいセル範囲を選択して、
2. <ファイル>タブをクリックし、

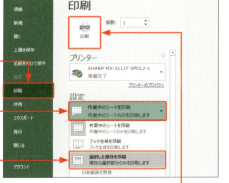

3. <印刷>をクリックします。
4. <作業中のシートを印刷>をクリックして、
5. <選択した部分を印刷>をクリックし、
6. <印刷>をクリックします。

2 印刷範囲を設定する

1 印刷範囲に設定するセル範囲を選択して、

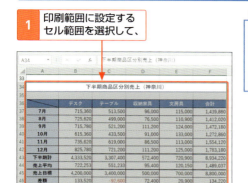

Memo

印刷範囲の設定

いつも同じ部分を印刷する場合は、印刷範囲を設定しておくと便利です。

2 <ページレイアウト>タブをクリックします。

3 <印刷範囲>をクリックして、

4 <印刷範囲の設定>をクリックすると、

<名前ボックス>に「Print_Area」と表示されます。

5 印刷範囲が設定されます。

Hint

印刷範囲の設定を解除するには?

印刷範囲の設定を解除するには、手順 4 で<印刷範囲のクリア>をクリックします。

第8章 印刷の操作

Section 62　第8章 印刷の操作

2ページ目以降に見出しを付けて印刷する

複数のページにまたがる大きな表を印刷すると、2ページ目以降には見出しが印刷されないため、見づらくなってしまいます。この場合は、**すべてのページに見出しが印刷されるように設定**します。

1 印刷用の列見出しを設定する

この行をタイトル行に設定します。

1 <ページレイアウト>タブをクリックして、

2 <印刷タイトル>をクリックします。

3 <タイトル行>のボックスをクリックして、

Hint

タイトル列を設定するには?

タイトル列を設定するには、手順 3 で<タイトル列>のボックスをクリックして、見出しに設定したい列を指定します。

4 見出しにしたい行番号をクリックすると、

5 タイトル行が指定されます。

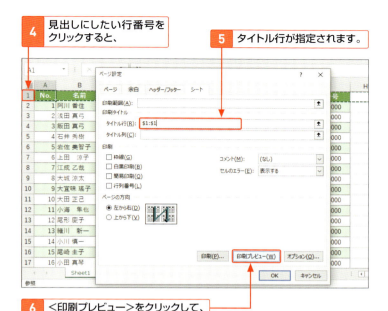

6 <印刷プレビュー>をクリックして、

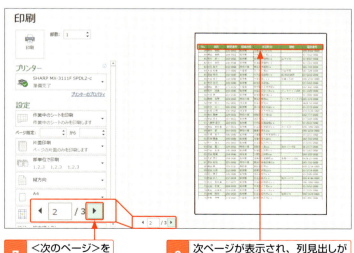

7 <次のページ>をクリックすると、

8 次ページが表示され、列見出しが付いていることを確認できます。

第8章 印刷の操作

189

INDEX 索引

記号・数字

％（パーセント）	41, 112
，（カンマ）	41, 113
：（コロン）	75, 86
¥（円）	41, 111
＝（等号）	70, 36
3Dモデル	164

アルファベット

AVERAGE関数	85
Backstageビュー	25
COUNT関数	92
COUNTA関数	93
COUNTIF関数	97
INT関数	95
MAX関数	87
MIN関数	89
ROUND関数	94
ROUNDUP関数	95
SUM関数	83
SUMIF関数	96

あ行

アクティブセル	40
アクティブセル領域	56
値のみの貼り付け	116
印刷	172, 174
印刷の向き	173
印刷範囲の設定	187
印刷プレビュー	172
インデント	109
ウィンドウの分割	136
ウィンドウ枠の固定	130
上付き	103
上書き保存	35
エラーインジケーター	98
エラー値	98
オートフィル	44
オートフィルター	140
同じデータの入力	44

か行

改ページ位置	177
拡大／縮小印刷	175, 179
下線	102

カラーリファレンス	74
関数	86
起動	22
行の挿入／削除	128, 129
行の高さの変更	114
行番号	28
曲線を描く	159
切り上げ	95
切り捨て	95
クイックアクセスツールバー	28
クイック分析	84, 121
グラフ	144
…の移動	146, 148
…の色の変更	153
…のサイズの変更	147
…の作成	144
…の種類の変更	154
…のスタイルの変更	153
…のレイアウトの変更	152
グラフシート	149
グラフの構成要素	151
罫線	64
桁区切りスタイル	113
合計	82

さ行

算術演算子	71
参照先の変更	74
参照方式	76
シート見出し	28
シートを1ページに印刷	175
軸ラベルの表示	150
時刻の入力	42
四捨五入	94
下付き	103
写真の挿入	166
斜線	68
斜体	101
終了	23
条件付き書式	120
小数点以下の表示桁数	112
数式のコピー	73
数式の入力	70
数式バー	28
ズームスライダー	28

190

スクロールバー	28	日付の入力	42, 46
図形の編集	162	表示形式	41, 110
図形を描く	160	表示倍率	32
絶対参照	76, 79	フィルハンドル	44, 73
セル	28, 29	フォントの変更	105
...の結合	126	複合参照	77, 80
...の削除	125	ブック	29
...の挿入	124	...の新規作成	24
...の背景色	63	...の保存	34
セル参照	71	...を閉じる	36
セルの位置	72	...を並べて表示	137
セルのスタイル	63	...を開く	37
セル範囲の選択	54	フッター	180, 182
線の色	66	太字	100
線のスタイル	65, 66	平均	85
相対参照	76, 78	ヘッダー	180

た行

ま行

タイトル行の印刷	188	見出し行の固定	130
縦書き	109	文字サイズの変更	104
タブ	28, 30	文字に色を付ける	62
中央揃え	106	文字を折り返す	107
直線を描く	158	文字を縮小して全体を表示	108
通貨スタイル	41, 111	もとに戻す	52
データ	40		

や行

...の移動	60	やり直す	53
...のコピー	58	用紙サイズ	173
...の削除	51	余白	174
...の修正	48		

ら行

...の抽出	140	リボン	28, 30
...の並べ替え	138	列の挿入／削除	128, 129
データベース形式の表	138	列幅の変更	114
テキストボックス	168	列幅を保持した貼り付け	118
テンプレート	25	列番号	28
取り消し線	101	連続データの入力	45, 47

な行

わ行

名前ボックス	28	ワークシート	29
名前を付けて保存	34	...の移動／コピー	134
入力モードの切り替え	43	...の拡大／縮小表示	32
		...の削除	133

は行

		...の追加	132
パーセンテージスタイル	41, 112	ワークシート名の変更	133
比較演算子	97		
引数	86		

191

■ お問い合わせの例

FAX

1 お名前
技評 太郎

2 返信先の住所またはFAX番号
03-××××-××××

3 書名
今すぐ使えるかんたんmini
Excel 2019 基本技

4 本書の該当ページ
108ページ

5 ご使用のOSとソフトウェアのバージョン
Windows 10 Pro
Excel 2019

6 ご質問内容
手順4の画面が
表示されない

お問い合わせについて

本書に関するご質問については、本書に記載されている内容に関するもののみとさせていただきます。本書の内容と関係のないご質問につきましては、一切お答えできませんので、あらかじめご了承ください。また、電話でのご質問は受け付けておりませんので、必ずFAXか書面にて下記までお送りください。
なお、ご質問の際には、必ず以下の項目を明記していただきますようお願いいたします。

1 お名前
2 返信先の住所またはFAX番号
3 書名
　（今すぐ使えるかんたんmini
　Excel 2019 基本技）
4 本書の該当ページ
5 ご使用のOSとソフトウェアのバージョン
6 ご質問内容

なお、お送りいただいたご質問には、できる限り迅速にお答えできるよう努力いたしておりますが、場合によってはお答えするまでに時間がかかることがあります。また、回答の期日をご指定なさっても、ご希望にお応えできるとは限りません。あらかじめご了承くださいますよう、お願いいたします。
ご質問の際に記載いただきました個人情報は、回答後速やかに破棄させていただきます。

今すぐ使えるかんたんmini
Excel 2019 基本技

2019年6月12日　初版　第1刷発行

著者●技術評論社編集部＋AYURA
発行者●片岡 巌
発行所●株式会社 技術評論社
　　　東京都新宿区市谷左内町21-13
　　　電話　03-3513-6150　販売促進部
　　　　　　03-3513-6160　書籍編集部
装丁●田邉 恵里香
本文デザイン●リンクアップ
編集／DTP●AYURA
担当●竹内 仁志
製本／印刷●図書印刷株式会社

定価はカバーに表示してあります。

落丁・乱丁がございましたら、弊社販売促進部までお送りください。交換いたします。
本書の一部または全部を著作権法の定める範囲を超え、無断で複写、複製、転載、テープ化、ファイルに落とすことを禁じます。

©2019　技術評論社

ISBN978-4-297-10537-2 C3055

Printed in Japan

問い合わせ先

〒162-0846
東京都新宿区市谷左内町21-13
株式会社技術評論社　書籍編集部
「今すぐ使えるかんたんmini
Excel 2019 基本技」質問係

FAX番号　03-3513-6167

URL：https://book.gihyo.jp/116